불확실한 미래를 향한 재난대비 가이드

국가사고관리시스템

국가사고관리시스템

불확실한 미래를 향한 재난대비 가이드

초판 인쇄 2012년 8월 8일
초판 발행 2012년 8월 14일

원 제 National Incident Management System (FEMA Publication P-501)
지 은 이 미국 국토안보부 (U.S. Department of Homeland Security)
출 처 http://www.fema.gov/emergency/nims/
옮 긴 이 이 응 영 (boris7@korea.kr)

발 행 인 김 기 섭
펴 낸 곳 부산대학교 출판부
주소－부산광역시 금정구 장전동 부산대학로 63번길 2
전화－(051) 510－1932~3
전송－(051) 512－7812
등록－제카 11-2 1992. 9. 10.

잘못된 책은 구입처에서 교환해 드립니다.

값은 뒷표지에 있습니다.

ISBN 978-89-7316-431-8 93000

불확실한 미래를 향한 재난대비 가이드

국가사고관리시스템

National Incident Management System, NIMS

미국 국토안보부(U.S. Department of Homeland Security) 지음
이응영 옮김

부산대학교출판부

감사의 글

대학원에서 국가대응기본구조[NRF], 국가사고관리시스템[NIMS] 및 사고지휘시스템[ICS]에 관한 훌륭한 강의와 美국토안보부[USDHS] 연방비상관리청[FEMA]으로부터 본 번역서의 국내 시판 허락을 받는데 도움을 준 Dr. Denis Onieal 美소방학교장[Superintendent, U.S. Fire Academy], 재난/비상관리 및 사업연속성 프로그램에 대한 표준[NFPA 1600: 2010, Standard on Disaster/Emergency Management and Business Continuity Programs]의 이해와 실무적용에 도움을 준 Dr. Dean Larson 공인비상관리자위원회위원장[President, Certified Emergency Manager (CEM®) Commission], 그리고 캘리포니아주정부의 직장내훈련[OJT] 기간에 멘토[mentor]로서 사고지휘시스템[ICS]의 실무에 대해 많은 조언을 해준 Mr. Chris Sundlee 前캘리포니아주 비상서비스실[OES] 비상서비스조정관[ESC]에게 고마움을 전한다.

이와 함께 바쁘신 중에도 기꺼이 시간을 내셔서 추천의 글을 써 주신 존경하는 김희상 한국안보문제연구소 이사장님에게 무한한 감사를 드리며,

항상 신뢰와 애정을 보내 주시는 고마우신 부모님, 인내와 성원을 아끼지 않는 훌륭한 아내 경숙, 그리고 멋진 수민과 경민에게도 감사의 마음을 전한다.

추천의 글

인류의 삶이 '산업사회'를 거치면서 오래 축적된 환경파괴의 결과인지 과거에는 문자 그대로 '이변[異變]'일 뿐이었던 '기상이변'과 그로 인한 자연 재해[災害]와 재난[災難]이 점차 일상적인 것이 되어 가고, 여기에 현대 사회가 과도히 도시화하고 산업화 하면서 그 피해의 규모도 과거에는 상상하기 어려웠을 만큼 커져가고 있다. 예컨대 2004년 말 한꺼번에 27만의 생명을 앗아간 동남아의 쯔나미나 2005년 미국의 허리케인 카트리나 그리고 2011년 3월 일본 도호쿠[東北] 지방의 대규모 지진 및 쯔나미는 과거의 재해·재난과는 아예 그 규모와 성격을 달리 할 정도가 되었다. 인류가 이제 이런 일상적 재해, 재난도 점차 안보상 관심의 대상으로 보고 안보 차원에서 대처하려 하고 있는 것이다. 미국의 국토안보부[DHS]나 러시아의 비상사태부[EMERCOM] 같이 온 세계가 모두 이런 위협에 대비한 시스템을 발전시켜 왔고 우리 역시 2004년 소방방재청을 창설해서 이런 위협에 대비하고 있다.

그러나 정작 우리나라의 '재난관리활동'은 급속히 발전하고 있는 선진 각국에 비하면 아직은 여러모로 많이 미흡한 편이다. 원래 재난관리활동은 잠재되어 있거나 당면한 위험을 '경감[輕減]'하는 것과, 유사시 대처능력을 키우는 '대비[對備]'로 크게 구분된다고 할 수 있는데, 우리나라에서는 그 동안 방재시설과 같은 인프라와 규제 위주의 경감활동이 재난관리의 중심이 되어 왔다. 그러나 경감활동은 재난이나 사고예측의 불확실성으로 인해 '돈과 시간'에 비해 그 효과를 장담하기가 어렵다는 단점이 있고, '대비' 역시 올바른 접근방법을 찾기가 어려웠고 실천하기도 쉽지가 않았다.

현대사회에서의 사고와 재난은 원천적으로 그 원인이 너무 복합적이고, 그 경제적 사회적 영향도 너무 크고 광범위해서 정부와 지역공동체, 경찰 같은 행정기관과 군대 등 나라의 관련되는 역량을 두루 결집할 수 있는 국가적 시스템을 잘 구축하고, 조기경보체계나 국민행동요령 같은 사회적 대비 태세도 잘 정비되어야 가능할 것이기 때문이다. 그래서 지금 선진국에서는 재난관리 패러다임 자체가 바뀌고 있다. 재난은 복합적인 원인으로 복잡한 결과를 초래함으로 다수기관多數機關과 다중관할多重管轄, 다학제多學際의 참여 등을 기본으로 하는 '신개념 재난대비체계'를 구축해야 한다는 것이다. 이런 시대적 요구에 따라 탄생한 것이 미국의 국가사고관리시스템NIMS이다.

역자譯者 이응영 행정사무관은 원래 오래 동안 이러한 전일적全一的 재난대비시스템을 연구해온 이 분야의 전문가로 알려져 있다. 바로 이런 때 그가 미국의 국가사고관리시스템NIMS을 번역 소개한다고 하니 우리나라 재난대비업무의 발전을 위해 그런 다행이 없다. 그의 이 노력이 민·관군 할 것 없이 국가의 재난대비요소를 효과적으로 결집해 효율적으로 운영할 수 있는 재난대비시스템의 발전에 대한 국민 일반의 이해를 높이고 나아가 국가 재난대비 거버넌스의 발전에 큰 도움이 되기를 기대한다.

2012. 7. 23 김희상 한국안보문제연구소 이사장

지은이 서문

2003년 2월 28일, 대통령은 국토안보부장관에게 국가사고관리시스템(이하 "NIMS"라 한다)의 개발과 운영을 지시하는 국토안보대통령훈령 제5호[HSPD-5], "국내의 사고 관리[Management of Domestic Incidents]"를 공포하였다. 이 시스템은 연방, 주, 부족 및 지방 정부, 비정부기구[NGO]와 민간부문[1)]이원인, 규모, 위치 또는 복잡성에 구애됨 없이 사고를 방지하고, 사고로부터 보호하고, 사고에 대응하고, 사고의 피해를 복구하고, 사고의 영향을 경감하기 위해 협업할 수 있도록 일관성 있는 범국가적인 기본틀[a consistent nationwide template]을 제공한다. 이러한 일관성[consistency]은 일상적인 사고에서부터 조율된 연방의 대응을 요하는 사고에 이르는 모든 범위의 사고에 NIMS를 활용하기 위한 토대가 된다.

NIMS는 시행중인 사고관리나 자원배분 계획이 아니다. NIMS는 사고관리를 효과적이고 효율적이고 협력적으로 할 수 있게 하는 일련의 핵심 교리[doctrines], 개념, 원칙, 용어 및 조직화 프로세스를 나타낸다.

국토안보대통령훈령 제5호[HSPD-5]는 또한 국토안보부장관에게 국가대응기본구조[NRF]로 대체된 국가대응계획을 수립하도록 요구하였다. 국가대응기본구조[NRF]는 국가가 모든 위험요인에 대하여 어떻게 대응해야 하는지에 대한 교본[guide]으로, 국가의 대응을 체계화하는 핵심 원칙과 조직구조 및 역할을 특징짓는다[identifies]. 게다가 국가대응기본구조[NRF]는 주정부가 많은 지원을 요구할 수 있는 대규모 사고[catastrophic incidents]와

---

1) 민간부문[Public Sector] : 정부조직체계의 일부분이 아닌 단체와 개인, 영리·비영리 기구, 공식·비공식 조직, 상거래업체 및 산업체가 포함된다

연방의 자원이 관여하게 될 사고를 포함하여 연방정부가 보다 큰 역할을 행사하게 될 특정한 상황을 서술하고 있다.

국토안보대통령훈령 제5호[HSPD-5]는 모든 연방 부처와 기관이 NIMS를 채택하고 각자의 사고관리 프로그램과 활동은 물론 주, 부족 및 지방 정부를 돕기 위한 모든 조치를 지원하는데 있어서도 NIMS를 사용하도록 요구한다. 이 훈령은 연방 부처와 기관이 주, 부족 및 지방 조직의 NIMS 채택을 (보조금, 계약 및 기타 활동을 통한) 연방의 대비지원 조건으로 삼을 것을 요구한다. NIMS는 사고를 방지하고, 사고로부터 보호하고, 사고에 대응하고, 사고피해를 복구하고, 사고의 영향을 경감하기 위한 대비활동에 있어서 NGO와 민간부문이 갖는 역할을 인정한다.

각급 정부, 조직 및 직능별 학문분야[functional disciplines]에서 사용되어 온 기존의 비상관리 및 사고대응 시스템의 토대 위에 구축된 NIMS는 모범적인 관행들[best practices]을 모든 위험 상황[an all-hazards context]에서 비상관리/대응기관들이 범국가적으로 사용하게 하는 포괄적인 기본구조[framework]에 통합한다. 이러한 모범적인 관행들이 NIMS 각 부문의 초석이 되고 국가적인 기준[standards], 지침[guidelines], 약정[protocols], 시스템 및 기술의 개발과 개선을 위한 메커니즘을 제공한다. NIMS는 비상관리와 사고대응 활동을 촉진할 전문기술의 발전을 유도하고 시간이 흐르면서 시스템을 지속적으로 개선하게 할 새로운 방법론의 채택을 허용한다.

국토안보부장관은 국가통합센터[NIC] 사고관리시스템통합국[Incident Management Systems Integration Division]을 통해서 연방, 주, 부족 또는 지방 정부가

NIMS를 이행하고 있는지를 확인하기 위해 기준^standards^, 지침^guidelines^ 및 준수 약정^compliance protocols^을 고시한다. 아울러, 장관은 국가통합센터^NIC^를 통해서 발행물^publication^을 관리하고 다른 부처와 기관들과 협력하여 NIMS 전반에 대한 기준, 지침, 준수 절차^compliance procedures^ 및 규약^protocols^을 개발한다.

이 문서는 사고관리 직능별 학문분야와 비정부기구^NGO^ 및 민간부문으로부터의 많은 의견과 정부 간의 협력적 파트너십을 통하여 개발되었다. 원래 2004년 3월 1일에 고시되었던 이 문서는 이해관계자들의 헌신과 최근의 사고에서 얻은 교훈을 반영하기 위해 2008년에 개정되었다.

옮긴이 서문

재난과 비상사태를 대비하는 국가와 사회 기능은 두말할 나위 없이 한 치의 허점도, 한 순간의 방심도 허용될 수 없는 공공재이다. 하지만 갈수록 심화돼 가는 미래의 불확실성 속에서 국가와 사회의 안전을 보장하는 것이 말처럼 간단치가 않을 것이다. 그 이유는 복잡하게 얽히고설켜 있는 국가와 사회의 구조와 기능 자체에 수많은 위험요인과 취약성이 혼재되어 있고, 국제화·세계화에 따라 언제든 유입될 수 있는 외부의 위험요인 또한 예측의 불확실성을 더한다는데 있다. 여기에다 천재天災와 인재人災라는 인위적 경계를 무색케 하는 기상이변도 더 이상 이변이 아닌 일상이 됐다는 점, 원전사고로 이어진 3.11 일본 대지진에서 보듯이 자연재해의 영향이 어디까지 미칠지를 가늠하기조차 어렵다는 점, 그리고 안전관리체계와 문화의 후진성도 이 같은 사실을 뒷받침한다.

그렇다면, 이렇듯 쉽지 않은 재난관리 환경에서 국가와 사회의 안전을 지키는 올바른 방법은 무엇일까? 우선 모든 재난위험을 대상으로 민·관·군의 역량을 결집할 수 있는 포괄적인 기본구조를 만들고, 국가 역량을 함께 육성·운용하기 위한 개념, 원칙 및 방법론을 총체적으로 체계화한 공통시스템을 구축한 다음, '재난시나리오 플래닝'과 대비활동으로 필수 역량을 키우는 것이다.

본 번역서의 원문原文인 국가사고관리시스템NIMS: FEMA Publication P-501/Catalog Number 08336-1은 발생할 수 있는 모든 사고나 재난 상황에서 모든 관계기관이 협업하여 대처할 수 있도록 대비·대응활동 분야별 구성요소와 이들의 상호관계를 시스템의 형식으로 집대성한 것이다. 이 시스템은 모든 유형의 위험요인과 위협에 대해 민·관·군이 같은 방식으로 대비하고, 비상시에 협력적으로 대응하는데 필요한 기본 교리[教理], 직무 분야별 개념과 원칙, 용어·절차 및 방법론을 하나의 시스템으로 종합한 것으로 『국가적 재난대비체계』의 본보기가 된다. 따라서 이 시스템을 면밀히 살펴보면, 범국가적인 재난대비활동의 기본구조[framework]와 구성요소 및 이들의 상호관계를 한눈에 파악할 수 있고, 더 나아가 대비를 중심으로 예방, 보호, 경감, 대응 및 복구 등의 재난관리활동 전체를 하나로 보는 전일적[全一的] 안목을 키울 수 있다.

위험의 관점에서 현대사회를 분석한 독일의 사회학자 울리히 백은 한국은 근대화가 극단적으로 실험된 나라의 하나로서 아주 특별한 위험사회라고 말한 바 있다. 그는 우리나라가 전통사회에서 근대화, 정보화 및 세계화를 급속히 이룬 만큼 우리 사회에 내재된 위험이 매우 복합적이어서 그러한 갖가지 위험이 사고로 이어질 때는 연쇄반응으로 인한 영향의 범위와 피해가 상상을 초월할 것이라는 메시지를 던지고 있다. 사실상 우리나라는 도시의 인구밀도가 높고 기반시설이 조밀한데다 사회경제적 제반 기능의 전력 및 정보통신 인프라 의존성이 큰 만큼 구조적으로 매우 취약하다고 할 수 있다. 게다가 기후변화의 영향이 중첩돼 잠재된 각종 위험이 국가비상사태로 발전할 개연성도 높아지고 있다. 따라서 정부와 지방자치단체는 지금까지와 같이 유형별 사고나 재난에 대한 대책 마련에 치중하기보다는 예측의 불확실성과 관리체계의 불완전성을 인정하고 '포괄적 대처 역량'을 키울 수 있는 통합적 재난대비 구조와 시스템부터 갖추는 것이 더 시급하다는 사실을 깨달아야 한다.

NIMS는 일반성과 보편성이 있기에 자유민주주의 정치질서와 시장경제 및 지방분권을 기본이념으로 하는 나라가 '포괄적 대처 역량'을 키우기 위해 반드시 갖추어야 할 『전일적[全一的] 재난대비시스템』으로 부족함이 없다. NIMS를 도입해 적용하면 국가적으로도, 지역적으로도 많은 이점[利點]이 있다. 예를 들면, 재난관리 하부구조가 튼튼해지고 수직적 통제와 수평적 협력 및 조정기능이 활성화돼 국가적·지역적 재난 대응의 성공률을 높일 수 있다. 또한 모든 위험요인/위협을 대상으로 상황적합성과 상호운용성을 갖춘 시스템적 재난관리로 예측의 불확실성을 줄이고 구조적 한계를 보완해갈 수 있다. 나아가 위험 경감 및 대비 역량 육성에 균형을 둔 합리적인 포트폴리오 구성으로 고효율·저비용 재난관리를 이룰 수 있으며, 재난관리 거버넌스의 활성화로 사회안전을 넘어 총력안보의 기반을 다질 수 있는 점 등을 들 수 있다.

이번에 발간한 NIMS 번역서는 허리케인 카트리나 대처과정에서 얻은 국가적인 교훈과 새로이 정립된 국가대응기본구조[NRF]와 국가대비지침[NPG] 등이 반영된 NIMS의 개정판(2008.12)을 번역한 것이다. 번역은 국내외에서의 연구와 현장경험을 통해 쌓은 지식을 바탕으로 원문[原文]의 의미가 있는 그대로 전달될 수 있도록 퇴고의 퇴고를 거듭한 끝에 이루어진 것이다. 앞으로 이 번역서가 소방, 방재, 사회안전, 통합방위 및 전시戰時비상대비 분야의 종사자와 연구자에게는 재난대비 활동에 대한 전일적全一的 안목을, 그리고 모든 학문분야의 관계자들에게는 이 분야에 대한 관심과 참여를 높이는 계기가 될 수 있기를 기대해본다.

차 례

부문Ⅲ 자원관리 · 71

제1장 개념과 원칙 · 72

제2장 자원을 관리하기 · 78

부문Ⅳ 지휘관리 · 96

제1장 지휘시스템 · 96

머리말과 개요

제1장 머리말

2001년 9/11 테러 공격과 2004년 및 2005년 허리케인 시즌은 전국에 걸쳐 비상관리와 사고대응 역량 및 조정 프로세스 개선에 중점을 둘 필요가 있음을 드러냈다[highlighted]. 모든 계층의 정부와 직능별 학문분야[functional disciplines]에 걸쳐 적용될 수 있는 국가의 포괄적인 방식[comprehensive national approach]은 모든 범위의 잠재된 사고와 위험 시나리오(자연재해, 테러활동 및 기타 인적 재난을 포함하나, 이에 국한되지는 않음)에 대처하는 비상관리/대응기관의 효과성을 높인다. 이러한 방식은 다양한 비상관리 및 사고대응 활동을 하는 공공·민간 기관/조직 간의 조정과 협력을 향상시킨다. 국가사고관리시스템(이하 "NIMS"라 한다)의 기본구조[framework]는 국가의 포괄적인 방식을 제시한다(표 1 참조).

일반적으로 사고는 지방에서 시작되어 종결되며 지리적으로, 조직적으로 최하위 계층의 정부에서 일상적으로 관리된다. 그러나 성공적인 사고 관리 작전을 위해 다수의 관할기관, 각급 정부, 직능별 기관 및/또는 긴급대응 관련 학문분야[emergency responder disciplines]의 개입이 필요한 경우가 있다. 이런 경우는 다양한 영역[broad spectrum]의 조직과 활동에 걸친 효과적, 효율적인 조율을 필요로 한다.

NIMS는 가장 우수한 기존의 프로세스와 방법들을 사고관리를 위한 국가적으로 단일한[unified] 기본구조[framework]에 통합하기 위해 체계적인 방식을 사용한다. 사고관리는 예방, 보호, 대응, 경감 및 복구 등 국토 안보 활동 전반에 걸쳐서 사고가 어떻게 관리되는 지를 의미한다.

이 기본구조[framework]는 다양한 공공·민간 조직이 사고관리와 사고대응 작전을 잘 통합하여 효과적으로 수행하게 하는 상호운용성과 상황적합성을 위한 토대가 된다. 비상관리는 자연재해, 테러행위 또는 기타 인적 재난의 위협이나 실제 상황에서 대비, 보호, 대응, 복구 및 경감 역량을 구축·유지 및 개선하는데 필요한 모든 활동을 조정하고 통합하는 것이다. 비상관리는 NIMS 사용자들의 광범위한 커뮤니티에 적용될 수 있는 일련의 핵심 개념, 원칙, 절차, 조직화 프로세스, 용어 및 기준 요구사항[standard requirements]을 통해 이루어진다.

표 1 – NIMS의 개요

NIMS는	NIMS는 다음사항이 아니다.
• 사고관리를 위한 포괄적·국가적·체계적인 방식으로 사고지휘시스템[ICS],다수기관조정시스템[MACS] 및 공보를 포함한다. • 모든 위험요인에 대한 일련의 대비 개념과 원칙이다. • 신정보관리의 공통운영상황도와 상호운용을 위한 필수원리이다. • 다른 정부나 조직 간의 협력을 가능케 하는 표준화된 자원관리 절차이다. • 확장성이 있어 모든 사고(일상적인	• 대응계획 • 대규모사고 발생 시만 적용 • 통신계획 • 특정 비상관리/사고대응기관에만 적용 • 단지 사고지휘시스템[ICS] 또는 조직도 • 정적인 시스템

사고~대규모 재난)에 적용될 수 있다. ● 지속적인 관리와 유지를 촉진하는 동적인 시스템이다.	

제2장 개념과 원칙

NIMS는 공통적인 사고관리 기본구조의 사용이 비상관리와 사고대응 활동에 필요한 유연하면서 표준화된 시스템을 비상관리/대응기관에 제공할 것이라는 전제에 기반한다. NIMS는 시스템의 각 부문이 모든 유형의 사고 수습을 위한 계획, 프로세스, 절차, 협정 및 역할을 개발하는 데에 이용될 수 있으며 원인, 규모, 위치나 복잡성에 구애됨 없이 어떠한 사고에도 적용될 수 있기에 유연하다. 아울러 NIMS는 전혀 다른 조직과 기관들이 예측할 수 있는, 조율된 방식으로 협업할 수 있도록 하는데 있어 중요한 일련의 체계화된 표준운영구조를 제공한다.

1. 유연성flexibility

NIMS의 각 부문은 계획된 것(예, 주요 스포츠 또는 지역 행사)이든, 예고된 것(예, 허리케인)이든, 예고되지 않은 것(예, 지진)이든 지방의 일상적인 사고에서 주정부간 상호응원mutual Aid이 필요한 사고나 조율된 연방의 대응[a coordinated Federal response]이 필요한 사고에 이르기까지 두루 적용될 수 있다. 이 유연성은 NIMS가 다수기관[多數機關]의, 다중관할[多重管轄]의, 그리고/또는 다학제적[多學際的] 조정을 필요로 하는 모든 범위의 사고에 적용될 수 있도록 하는데 필수적이다. NIMS 기본구조[framework]의 유연성은 비상관리와 사고대응 활동의 확대를 용이하게 한다. 또한 NIMS는 국가의 특정 지역에서 특별한 실행을 위한 유연성도 제공한다. 국가통합센터[NIC]는 필요하다면 NIMS의 개념 및 원칙과의 일치를 위해서 이러한 개개의 요구사항과 조직구조를 반영한 실행계획들을 검토하고 지원할 것이다.

2. 표준화[standardization]

사고의 규모가 어떠하건 사고를 관리하기 위한 유연성은 비상관리/대응기관과 부속조직 간의 조정과 표준화를 필요로 한다. NIMS는 대비와 계획수립의 공통 기반을 위시하여 일련의 표준화된 조직구조를 제공함으로써 관할정부와 학문분야 간의 통합성과 연계성을 향상시킨다. 공통적인 NIMS 기본구조[framework]를 채택한 기관과 조직은 사고수습의 모든 면에 관여하는 다양한 조직과 응집력이 강화돼 서로 효율적이고 효과적으로 협업할 수 있다. 또한 NIMS는 공통 용어를 제공하여 사고에 함께 대응하는 기관과 조직 간의 소통의 효과를 높인다.

제3장 NIMS 구성부문의 개요

NIMS는 모든 위험상황an all-hazards context에서 각급 정부, 민간부문 및 비정부기구NGO에, 그리고 직능별 학문분야functional disciplines에 걸쳐 두루 적용할 수 있도록 기존의 최적의 관행들best practices을 국가적으로 일관된, 체계적인 방식으로 통합한다. 이 시스템은 대비, 통신정보관리, 자원관리, 지휘관리 및 지속적인 관리·유지 등 5개 부문으로 구성되어 있다.

1. NIMS의 구성부문

NIMS를 이루는 각 부문은 독립된 것이 아니라 유연하고 체계적인 방식으로 함께 작동되도록 설계되어 있어 사고관리를 위한 국가적인 기본구조framework를 제공한다. 각 부문에 대한 보다 상세한 논의는 이 문서 바로 다음의 섹션section에 나타나 있다.

가. 대비

효과적인 비상관리와 사고대응 활동은 사고 발생에 앞선 지속적인 대비 활동을 통하여 이루어진다. 대비는 상황 평가assessment, 계획수립, 절차procedures와 규약protocols, 교육훈련과 연습, 인력의 자격·면허 및 인증certification, 장비 인증, 대비 평가evaluation와 개선revision 등의 통합적인 조합

an integrated combination을 수반한다.

나. 통신정보관리

비상관리와 사고대응 활동은 모든 지휘·조정 현장에 공통운용상황도common operating picture를 제공하는 통신정보시스템에 의존한다. NIMS는 통신을 위한 표준화된 기본구조a standardized framework에 필요한 요구사항requirements을 제시하고 공통운용상황도의 필요성을 강조한다. 통신정보시스템은 상호운용성, 신뢰성, 확장성, 이식성, 복원성 및 중복성 등의 개념에 기반을 둔다.

다. 자원관리

인력, 장비 및 물자 등의 자원은 사고수습 목표를 이루기 위해 필요하다. 자원의 흐름은 유동적이어야 하고 사고수습 요구requirements에 적합하여야 한다. NIMS는 요구사항 확인, 자원을 주문·획득, 동원, 추적·보고, 회복·동원해제, 비용상환 및 재고관리를 위한 표준화된 메커니즘을 정의하고defines 자원관리 프로세스를 설정한다establishes.

라. 지휘관리

NIMS의 지휘관리 부문은 유연하고 표준화된 사고관리 체계structure

를 제공함으로써 사고관리와 조정이 효과적이고 효율적으로 이루어지도록 설계되어 있다. 이 체계는 사고지휘시스템[ICS], 다수기관조정시스템[MACS] 및 공보 등 3가지의 핵심 구조에 기초를 두고 있다[key organizational constructs].

마. 지속적인 유지관리와 개선

1) 국가통합센터[NIC]

국토안보대통령훈령 제5호[HSPD-5]는 美국토안보부[USDHS] 장관이 다른 연방 부처와 기관, 주·부족 및 지방의 이해관계기관 및 NGO와 민간부문과의 정기적인 협의[consultation]를 포함하여 NIMS의 지속적인 관리와 유지를 보장하기 위한 메커니즘을 구축하도록 요구하였다. 국가통합센터[NIC]는 NIMS의 전략적 방향을 제시하고 시행을 감독·조정하고 NIMS와 각 부문의 일상적인 유지와 지속적인 개선을 지원한다. 국가통합센터[NIC]는 프로그램을 감독하고 연방, 주, 부족 및 지방의 관계기관과 협력하여 준수 기준[compliance criteria]과 이행 활동의 개선을 조정한다. 국가통합센터[NIC]는 정부와 비상관리/대응기관과 부속조직이 NIMS를 채택하거나 그들의 상황과 일치시키도록 권장하기 위하여 안내[guidance]와 지원을 제공한다. 국가통합센터[NIC]는 또한 교육훈련과정의 인증과 연습정보의 검토를 포함하여 NIMS와 NIMS 관련 문서의 발간을 조정·감독한다.

2) 기술 지원

NIMS와 관련된 비상관리 및 사고대응 시스템들이 진화할수록 비상관리/대응기관은 NIMS를 이행하고 지속적으로 개선하기 위해 기술과 시스템들에 크게 의존하게 될 것이다. 국가통합센터[NIC]는 美국토안보부[USDHS] 과학기술본부[Science and Technology Directorate]와 협력하여 전략적인 연구개발을 포함하여 진행되는[ongoing] 사고관리 관련 기술의 개발을 감독·조율한다.

부문Ⅰ 대비preparedness

NIMS는 대비를 향상시키기 위한 도구를 공급함으로써 비상관리/대응기관과 부속조직이 집단적으로collectively 일하는 메커니즘을 제공한다. 대비는 계획하고, 조직화하고, 교육훈련하고, 장비를 갖추고, 연습하고, 평가하고, 교정 조치하는 반복된 주기를 통하여 이루어지고 유지된다. 비상관리와 사고대응 활동에 관계된 모든 기관들 간에 계속되는 대비 활동이 위기crisis 상황에서의 조화로움을 보장한다. 나아가 대비는 비상관리와 사고대응 활동의 효과와 효율을 향상시킨다.

대비 부문은 비상관리/대응기관과 부속조직이 모든 위험을 대상으로 하는 비상관리 및 사고대응 활동을 증진시키기 위하여 개발하고 각자의 전체 대비 프로그램에 포함시켜야 하는 특정 대책과 역량을 서술한다. 각자의 정부 및/또는 조직 내에서 대비 프로그램을 개발, 개선 및 확대하는데 있어서 비상관리/대응기관은 기존의 대비 활동과 협력 관계를 가능한 최대한의 지렛대로 삼아야 한다. 개인의 대비personal preparedness는 국토안보의 중요한 요소이긴 하나, 우리 국가의 비상관리 및 사고대응 역량의 운영상의 대비operational preparedness와는 구별되며 NIMS의 영역을 벗어난 것이다.

제1장 개념과 원칙

NIMS 내에서 대비는 계획수립, 절차와 규약, 교육훈련과 연습, 인력의 자격·면허 및 인증certification, 장비 인증에 초점을 둔다. 사고나 계획된 행사에 앞서 NIMS의 모든 부문들을 효과적으로 채택, 이행 및 교육훈련 하는 것은 협력적인 비상대비와 사고대응 활동을 촉진할 것이다. 대비는 비상관리와 사고 대응의 기초 단계이다. 그러므로 대비의 토대를 이루는 개념과 원칙은 NIMS의 모든 부문들의 개념 및 원칙과의 통합integration을 이룬다.

1. 통일된 방식unified approach

대비는 비상관리와 사고대응 활동에 있어 통일된 방식을 요구한다. 통일된 방식을 갖추려면, NIMS의 각 부문을 관할정부나 조직의 비상관리 및 사고대응 구조 내에서 통합시켜야 한다. 특히 효과적인 시스템을 이루기 위해 대비는 통신정보관리, 자원관리 및 지휘관리와 통합을 이뤄야 한다. 또한 통일된 방식 개념은 지휘관리 부문의 핵심으로 지휘계통chain of command, 보고 단일화unity of command, 활동의 통일unity of effort 그리고 시행될 때 통합지휘부UC의 토대가 된다. 이러한 특징들은 서로 다른 관할의, 지리적인 또는 직능상의 책임, 권한 및 자원을 갖는 조직들이 공통적으로 인식된 목표를 달성하기 위해 효과적으로 협력하고 계획을 수립하고 상호작용할 수 있게 한다.

2. 역량의 수준levels of capability

대비는 비상관리와 사고대응 활동을 폭넓게 수행하기 위해 필요한 역량을 갖추고 유지하기 위한 조치를 포함한다. NIMS가 효과적으로 기능하도록 관할정부와 조직은 사고 발생 이전, 발생 시 및 발생 이후에 제공받을 역량과 자원에 대한 기대치[expectations]를 정해둬야 한다. 사고 수습이나 계획된 행사에 소요될 자원의 보유량 조사와 분류는 대비의 핵심 요소로서 필요한 역량의 수준을 정하고 확인하는데 도움이 된다. 아울러, 이러한 역량의 수준을 확인하는 개념은 신임[credentialing] 시스템을 포함하여 NIMS의 각 부문의 밑바탕에 깔려있다.

제2장 대비태세 갖추기

각각의 관할정부는 연방 및 주의 유관기관, NGO 및 민간부문과 협력하고 이들의 적절한 지원을 받아 미리 사고에 대비하여야 한다. 비상관리와 사고대응이 성공적으로 이루어질 수 있도록 비상관리/대응기관과 부속조직은 각자의 역할과 책임을 명확히 이해하여야 한다. 이것은 비상관리/대응 기관뿐만 아니라 정책을 수립, 조정 또는 지원하는 역할을 담당하는 기관에게도 필수적이다.

- 정책 역할 : 비상관리 및 사고대응 프로그램과 활동에 관한 정책, 절차, 상호응원협정[mutual aid agreements]과 지원협정[assistance agreements], 계획의 개발, 개정, 서명 및 공식화
- 조정 역할 : 비상관리 및 사고대응 프로그램과 활동에 필요한 자원관리나 기타 필요한 조율 활동
- 지원 역할 : 비상관리 및 사고대응 프로그램과 활동을 위한 지원 준비

1. NIMS와 기타 대비 활동 간의 관계

국가의 대비와 조율된 대응을 이루기 위해서는 모든 계층의 정부에서 비상관리 및 사고대응 활동의 조율이 이루어져야 하고 NGO와 민간부문을 적절히 포함시켜야 한다. 국토안보대통령훈령 제5호[HSPD-5]는 전국에 걸쳐 모든 계층의 정부가 효율적이고 효과적으로 협업할 수 있는 역량을 갖추었음을 보장할 수 있도록 사고관리에 있어서 단일한, 포괄적인 방식을 확립하였다. 수 개의 다른 국토안보대통령훈령들도 직접 국가의 대비와 핵심기반시설의 보호를 다루고 있기에 국토안보대통령훈령 제5호[HSPD-5]와 불가분하게 연결되어 있다. 이러한 훈령들은 아래에서 보다 완전하게 논의된다.

가. 국토안보대통령훈령 제7호[HSPD-7], "핵심기반시설 확인, 우선순위 설정 및 보호"

국토안보대통령훈령 제7호[HSPD - 7]는 美국토안보부[USDHS]에 지시하여 핵심기반시설/주요자원[CI/KR]을 파괴·무력화 하거나 악의적으로 이용하기 위한 의도된 활동을 억지·근절하고, 이에 따른 피해를 경감할 수 있도록 핵심기반시설/주요자원[CI/KR]을 확인하고 우선순위를 정하기 위한 국가 정책을 수립하게 하였다. 이러한 목표를 달성하기 위해 연방 부처와 기관은 주, 부족, 지방, 민간부문 및 NGO와 협업하여야 한다. 이러한 활동에는 국가기반보호계획[NIPP]의 수립, 시행 및 지속적인 관리와 유지가 포함된다. 국가기반보호계획[NIPP]과 이 계획의 상호보완적인 분야별 특정 계획[Sector-Specific Plans]은 현재와 미래의 핵심기반시설/주요자원[CI/KR] 보호 활동을 통합하기 위한 통일된 구조를 제공한다.

나. 국토안보대통령훈령 제8호[HSPD-8], "국가대비"

국토안보대통령훈령 제8호[HSPD-8]는 美국토안보부[USDHS]에 지시하여 국가대비시스템[National Preparedness System]—"국내의 테러위협이나 실제 테러 공격, 주요재난 및 기타 비상사태를 방지하고 이에 대응하기 위해 국가의 대비태세를 강화"할 공통의, 통일된 방식—을 개발하기 위한 국가전략을 주도하게 하였다. 국토안보대통령훈령 제8호[HSPD-8]의 요구로 국가가 다음 3가지의 기본적인 물음에 답변하는 수단을 제공할 국가대비지침[NPG]의 개발을 이루게 되었다.

- 우리는 얼마나 준비되어 있어야 하나?
- 우리는 얼마나 준비되어 있나?
- 우리는 이 차이를 좁히기 위해 어떤 활동에 우선순위를 두어야 하나?

또한 국토안보대통령훈령 제8호[HSPD-8]는 美국토안보부[USDHS]에 주·부족 및 지방 정부에 대한 연방의 대비지원 전달체계를 개선하고 국가의 대비 역량을 강화시킬 것을 주문하였다. 국토안보대통령훈령 제8호[HSPD-8]의 부록[Annex] Ⅰ, "국가계획수립[National Planning]"은 국가계획 수립에 있어 포괄적인 방식을 확립하고 국토안보를 위한 국가전략[National Strategy] for Homeland Security에 따른 계획수립을 지도한다. 부록[Annex] I 은 통합계획수립시스템[IPS]의 개발과 현행화를 요구한다. 15가지의 국가계획수립시나리오[National Planning Scenarios]는 국가가 대비해야 할 국가적 사고의 범위, 규모 및 복잡성을 명확히 드러내기 위해 개발된 것이다. 테러, 자연재난 및 공중보건 비상사태 등 가능한 모든 시나리오를 사용하는 것은 계획 수립에 있어 불확실성을 줄이는데 도움이 된다.

美국토안보부[USDHS]는 이 시나리오에 대처하기 위해 가장 중요한 수행 요구[performance needs]를 확인한 후, 역량이 필요한 때와 장소에서 사용되게 할 역량의 국가적 네트워크 구축 활동을 지도[guide]하기 위해 설계된 목표역량목록[TCL]을 개발하였다. 목표역량목록[TCL]은 자연적·인적 재난이나 기타 대규모 사고 대처에 필요할 역량 개발에 있어 모든 위험요인에 대한 대처방식[an all-hazards approach]의 개요를 서술하고 국가대비에 있어서 각급 정부, 민간부문, NGO 및 개인이 갖는 주요 역할을 정의하고 있다. 역량은 성과의 수준을 목표로 삼기 위하여 특정한 조건 하에서 핵심업무[critical tasks]를 이행하여 임무를 완수하고 바람직한 결과를 성취하기 위한 수단을 제공한다. 역량은 올바르게 계획·편성돼 장비를 갖추고, 훈련을 받고 연습을 해본 인력의 적절한 조합으로 갖춰진다.

2. NIMS와 국가대응기본구조[NRF]의 관계

NIMS는 사고의 원인, 크기, 위치 또는 복잡성을 막론하고 사고를 관리하기 위한 기본틀[template]을 제공한다. 이 기본틀[template]은 역량이 연방, 주, 부족 또는 지방 정부에 있는 것이든, 민간부문이나 NGO에 있는 것이든, 이러한 역량을 국내에서 효과적으로 활용하기 위한 구조, 개념, 원칙, 프로세스 및 용어를 정해 두었다.

국가대응계획[NRP]을 대체한 국가대응기본구조[NRF]는 NIMS를 기반으로 한 모든 위험요인에 대한 대응 얼개[an all-hazards framework]이며 연방의 자원이 관여하게 되는 사고수습에 대한 추가적인 특정한 연방의 역할과 구조를 서술하고 있다.

> NRF는 국가가 모든 위험요인에 대하여 어떻게 대응해야 하는지에 대한 교본[a guide]이다.

국가대응기본구조[NRF]는 주, 부족 및 지방의 사고관리 활동에 대한 효과적·적시적인 연방의 지원을 보장하기 위한 국가 차원의 정책 및 운영 방침 체계[structure]와 메커니즘을 제공한다. 국가대응기본구조[NRF]는 조율된 연방의 대응[coordinated Federal support]을 필요로 하는 작전[operations]에 참여하는 모든 연방기관에 적용된다.

NIMS와 국가대응기본구조[NRF]는 국가의 사고관리 역량과 전반적인 효율성을 증진시키기 위하여 설계된 것이다. 조율된 연방의 지원을 필요로 하는 사고 발생시 국가대응기본구조[NRF]는 사고관리를 위한 역량과 자원을 단일한, 조율된, 그리고 이음새 없는 국가적인 기본구조[framework]로 통합하기 위한 지침[guidelines]과 절차[procedures]를 제시한다.

NIMS와 NRF는 지방정부가 관할구역에서 대응활동을 하는데 있어 지휘, 통제 및 법적 권한을 보유한다는 점을 분명히 한다.

NIMS와 국가대응기본구조[NRF]의 기본 전제는 일반적으로 사고는 지방에서 우선 관리된다는 것이다. 대다수의 사고수습에 있어 지방의 자원과 지방의 상호응원협정 및 지원협정이 비상관리와 사고대응의 제일선을 지킬 것이다. 추가적인 또는 특별한 자원과 역량이 필요하다면, 주지사가 연방의 지원을 요청할 수 있으나, NIMS는 지방정부가 각자의 관할구역에서 대응활동을 하는데 있어서 지휘, 통제 및 법적 권한을 보유한다는 개념에 토대를 둔다. NIMS를 준수함으로써 지방의 기관은 유입되는 자원을 보다 잘 활용할 수 있다.

비상관리와 사고대응에 있어서 대비의 기본적인 역할은 NIMS와 국가대응기본구조[NRF]의 바탕에 깔린 보편적인 개념[a universal concept]이 된다. 각각의 문서에 기술된 대비의 특정 요소들이 약간씩 다를 수도 있으나, 그 개념들은 상호 보완적이다. NIMS와 국가대응기본구조[NRF]의 대비 부문의 핵심요소들은 비상관리와 사고대응 역량을 효과적이고 효율적으로 개발하는데 있어서 이해관계자들을 가장 잘 돕기 위한 방식으로 서술되고 구성되어 있다.

3. 대비 역할

대비 활동은 정부 내는 물론이고 각 정부에 걸쳐서 모든 적절한 기관과 단체 간에 조율이 이루어져야 한다. 민간부문과 NGO는 종종 사고수습과 관련한 서비스를 제공하고 있으며, 비상관리와 사고대응에 관계될 수 있는 핵심기반시설/주요자원[CI/KR]의 소유자이고 운영자이므로 이러한 대비 활동에 관여하여야 한다. 일반인들은 NIMS에 직접 통합되어 있지는 않으나 대비 활동에 핵심적 역할을 하고 있으며, 발생 가능한 모든 유형의 사고에 자신과 가족을 대비하게 할 것으로 기대된다. 정부는 특별한 도움[special needs]이 필요한 사람들의 대비를 포함하여 개인과 공동체의 대비를 장려하고 지원하기 위한 현지 프로그램(예, 공교육, 훈련기간, 시범 등)을 운영하여야 한다.

가. 대비 조직

대비 조직은 사고나 계획된 행사가 있기 이전에 비상관리 및 사고대응 활동을 조율한다. 이러한 조직의 범위는 각종 위원회, 기획단체나 기타 조직을 대표하는 개개의 단체에서 소규모 위원회와 대규모 상설조직(예, 시민군[Citizen Corps], 공동체비상대응팀[CERT], 지방비상기획위원회[LEPC], 핵심기반분야조정협의회[Critical Infrastructure Sector Coordinating Councils])에 이른다. 대비 조직은 관할정부가 각자의 대비 요구에 부응할 수 있도록 돕는데 적절한 주안점을 두고 있음을 보장하기 위해 정기적으로 회합하고 서로 협력하여야 한다.

관계 정부의 요구[needs]는 이러한 조직의 구성 방법과 임무수행 빈도를 좌우할 것이다. 대비 활동이 정부관할에 걸쳐 일상적으로 이루어져야 할 필요가 있을 때, 대비 조직은 다중관할[多重管轄] 및/또는 다수기관[多數機關]과 관련된 것이어야 하고, 관계된 핵심기반시설의 소유자와 운영자, 민간부문 및 NGO를 포함하여야 한다. 각 대비 조직이 상대방의 역량, 기대사항 및 역할을 알 수 있도록 필요한 당사자들 간에 각서[Memorandums]나 협정[agreements]이 체결되어야 한다.

대비 조직은 다음사항에 대해 조치할 수 있다.

- 비상운영계획[EOP], 규약 및 절차의 작성과 조정
- 권한 범위 내에서 활동과 기능을 통합·조정
- 상호운용성의 촉진과 대응인력의 안전을 위한 기준[standards], 지침[guidelines] 및 규약[protocols]의 작성
- 자원 요청과 제공을 위한 기준[standards], 지침[guidelines] 및 절차[procedures]의 채택
- 자원과 기타 요구사항의 확인, 사용의 우선순위 설정
- 교육훈련, 연습, 평가 및 교정조치 프로그램을 권장
- 필요한 상호응원협정과 지원협정을 제정·유지, NGO와 민간부문에 대한 지원 보장
- 계획된 이벤트(예, 퍼레이드, 스포츠 이벤트), 특정 유형의 사고(예, 인플루엔자 전염병, 허리케인) 관리를 위해 필요에 따라 그리고 적절한 경우 다수기관조정시스템[MACS] 활용
- 범정부적으로 수행될 수 있는 작전의 체계적인 지원을 위한 계획수립 및 신기술의 지속적인 연구개발을 위한 아이디어 제시
- 미래의 대비를 강화하기 위한 조치 후 검토[after-action reviews] 이행

나. 선출직·임명직 고위관료

선출직·임명직 고위관료는 비상관리와 사고대응의 성공을 위해 각자의 역할과 책임을 명확히 이해하여야 한다. 이러한 고위관료에는 의회의원과 선출(예, 주지사, 시장, 보안관, 부족장, 카운티 행정관)되었거나 임명(예, 카운티 집행관, 시 관리관)된 고위 행정관료를 포함하여 정부 내에서 지도자 역할을 하는 기관의 장은 물론 행정적·정치적 인물이 포함된다. 이들은 사고 발생시 주민constituents에 대한 방침direction과 안내guidance 제공을 요구 받을 수 있으나, 이들의 일상적인 활동이 반드시 비상관리와 사고대응에 초점을 두어야 하는 것은 아니다.

주민constituents을 보다 잘 섬기기 위하여 선출직·임명직 고위관료는 다음 사항을 이행하여야 한다.

- NIMS를 이해·시행하고, NIMS 교육훈련을 이수하고, 연습에 참여
- 기초적인 비상관리, 운영의 연속성COOP/정부의 연속성COG 계획, 정부의 대응역량과 재난사태선포 이해
- 지역공동체, 기관, NGO, 민간부문의 대비 활동을 지도·조장
- 기타 정부와, 적절한 경우 NGO 및 민간부문과의 관계(상호응원협정 및 지원협정 포함) 설정
- 기타 정부와, 적절한 경우 NGO 및 민간부문과 함께 재난 경감활동 지원과 참여 권장
- NIMS의 시행을 위한 명확한 정책과 함께 각자의 정부와 기관에 방침guidance을 제시
- 정부의 비상관리와 사고대응 관계 법률 및 규정 이해
- 정부 내 핵심기반시설/주요자원CI/KR, 잠재된 사고의 영향 및 복구 우선순위에 관한 인식 유지

또한 선출직·임명직 고위관료는 대비 활동을 지원하고 비상관리와

사고대응 활동을 개선하기 위한 법률·정책 및 예산의 형성과 수정을 돕도록 요청 받을 수도 있다.

사고에는 잠재적으로 심각한 장기적인 영향과 정치·경제·사회·환경과 공중의 안전, 공중보건 및 재정적 영향이 혼재되어 있을 수 있다. 종종 사고는 선출직·임명직 고위관료가 어려운 결정을 해야만 하는 위기 상황crisis conditions에서 기관과 정부를 넘어 (NGO와 민간부문과도) 조율된 대응을 요구한다. 선출직·임명직 고위관료는 협력적 대응 활동을 보장하기 위해 NIMS가 어떻게 작동할 수 있는지를 알아야 하고, 그렇게 함으로써 사고의 잠재된 영향을 최소화할 수가 있다.

1) 사고 발생시 선출직·임명직 고위관료의 임무

선출직·임명직 고위관료는 일반적으로 사고 현장에 있지는 않으나, 필요하다면, 사고지휘관IC/통합지휘부UC과(와)의 소통 방안을 마련하고 회합할 수 있어야 한다. 사고의 성격이나 비상 상황의 전반적인 수준에 따라 선출직·임명직 고위관료는 아래의 장소에서 직무를 수행할 수 있다.

- 기관이나 정부의 사무실
- 비상운영본부EOC
- 유관기관들 간의 응원조정이 이루어지는 장소

선출직·임명직 고위관료는 사고지휘관IC/통합지휘부UC에게(에) 정책과 방침 및 권한에 관한 조언을 제공하여야 한다. 선출직·임명직 관료와 사고지휘관[IC]/통합지휘부[UC] 간의 적절한 협력은 사고의 성공적인 관리를 위해서 대단히 중요하다. 선출직·임명직 고위관료는 사고지휘관[IC]/통합지휘부[UC]에게(에) 의견을 명확히 전달하여야 한다. 시간과 기관의 정책에 좌우되므로 다음의 고려사항들은 명확히 소통·기록되어야 하고 사고지휘관[IC]/통합지휘부[UC]에게(에) 제공되어야 한다.

- 안전에 관한 고려사항
- 환경 문제
- 법적·정책적 한계
- 핵심기반시설 서비스 및 복원에 관한 문제
- 정치·경제 및 사회적 우려사항
- 비용에 관한 고려사항

> 선출직 · 임명직 고위관료의 주요 임무
>
> - 기관/관할정부의 정책을 명확히 밝힌다.
> - 효과를 평가하고 결함을 시정한다.
> - 다수기관의 방식[multiagency approach]을 지지한다.

일부 상황에서 정보가 정책이나 법률에 세부적으로 기술되어 있지 않다면 그것은 공식적인 권한 위임이나 기대 서한[letter of expectation]을 통해 명확히 규정되어야 한다.

다. 비정부기구[NGO]

지역 기반, 종교 기반 또는 국가적 단체(예, 구세군[the Salvation Army],

국가재난자원봉사기구National Voluntary Organizations Active in Disaster, 美적십자사American Red Cross)와 같은 NGO는 비상관리 및 사고대응 활동에 있어 핵심적인 역할을 수행한다. 능력을 갖추고 관여를 원하는 NGO는 정부의 대비 활동, 특히 계획수립과 훈련 및 연습에 완전하게 통합되어야 된다. 아울러 각 NGO는 서로의 역량과 기대 및 역할을 알 수 있도록 사고 발생에 앞서 다른 NGO와 합의각서memorandums of agreement를 체결하여야 한다.

NIMS의 사용이 사고관리에 결집하는 조직의 능력을 향상시키므로 NGO의 핵심 경영진과 관리자들이 계획된 이벤트나 사고 대처를 위해 NIMS를 사용하도록 권장된다. NIMS를 준수하는 것이 NGO의 의무는 아니나, NIMS의 절차와 용어를 충실히 따르고 재난관련 임무를 수행할 직원들에게 적절한 훈련 이수를 요구하는 것은 관할정부의 대비 활동에 NGO의 지속적인 통합을 뒷받침할 것이다.

라. 민간부문Private Sector

민간부문은 비상관리와 사고대응에 매우 중요한 역할을 수행하며 NIMS의 모든 분야에 포함되어야 한다. 일반적으로 공공서비스업체utilities, 산업체industries, 기업corporations, 업소businesses, 직업·교역협회professional & trade associations는 비상대응과 사고관리의 핵심 분야에 관여한다. 이러한 조직들은 재화와 용역을 전달하는 그들의 능력에 영향을 미칠 수 있는 모든 위험요인에서 비롯될 수 있는 사고all-hazards incidents에 대비하여야 한다. 비상관리와 사고대응에 직접 관여하거나 핵심기반시설(예, 병원, 공ㆍ사립 공공서비스업체, 학교)의 구성요소로 확인된 민간부문의 조직은 정부의 대비 활동에 포함되어야 한다. 민간부문의 기관이 NIMS 준수 요구를 받지는 않겠으나, 대응작전에 직접 관여하는 민간부문의 조직은 각자의 대응인력이 NIMS 교육훈련을 받게 하고 각 조직의 대응요소들이 NIMS를 준수하게 하는 것이 적극 권장된다.

각급 정부는 민간부문과 협업하여 연방·주·부족 및 지방의 역할, 책임 및 작전 방식과 일치된 일련의 공통의 기대치를 설정[a common set of expectations]하여야 한다. 이러한 기대치는 널리 전파되고 필요한 교육훈련과 실질적인 연습[practical exercises] 실시로 실제 사고 발생 이전에 철저히 이해되도록 하여야 한다. 이러한 기대치는 핵심기반시설/주요자원[CI/KR] 분야에 관계된 민간부문의 조직의 관점에서 특히 중요하다. 게다가 민간부문의 조직은 사고에 대비하고 대응하는데 관계된 당사자들의 역량, 역할 및/또는 기대치를 명확히 하기 위해 정부나 기타 민간부문의 조직과 지원협정 체결을 고려할 수 있다. 결국 민간부문은 비상관리와 사고대응에 있어서 모범적인 관행[best practices]의 원천[source]이 될 수 있다.

학계[academia] 역시 NIMS에서 중요한 역할을 수행한다. 많은 교육기관들이 대응인력과 공동체의 지도자를 대상으로 NIMS 교육훈련을 제공하는데 도움을 주고 있다. 아울러, 많은 수의 교육과정이 NIMS의 교육훈련과 개념을 교과목에 포함시키고 있다. 학술 공동체[academic community] 또한 새로운 개념과 원칙의 발전을 위한 견인차[a primary vehicle]가 될 것이다.

4. 대비의 구성요소

대비 활동은 정보와 자원을 어떻게 우선순위 두고, 조정하고, 관리하고, 지원할지를 서술하는 정책, 계획 및 절차의 유효성을 확인하고[validate] 유지하는[maintain] 것이다. 아래의 대비 구성요소는 효율적이고 효과적인 대응과 복구를 위한 필수적인 토대를 이룬다. 국가통합센터[NIC]는 교육훈련과 연습, 인력의 자격· 면허 및 인증, 장비인증 분야에서 지원을 지속적으로 제공한다.

가. 대비 계획수립

계획은 일상적인 사고, 주정부 간의 상호응원을 필요로 하는 사고와 조율된 연방의 대응을 필요로 하는 대규모 사고 등 모든 유형의 사고에서 실현될 수 있고[realistic] 확장될 수 있으며[scalable] 적용될 수 있어야[applicable] 한다. 계획은 대응에 관계된 모든 개인이 부여된 과업을 반드시 수행할 수 있도록 교육훈련의 토대가 되어야 하고 주기적으로 실행되어야 한다. 계획은 교육훈련과 연습을 다루어야 하고 주요한 사고나 연습이 있은 후에는 임무 합의에 따른 조치 후 검토[after-action reviews], 교훈[lessons learned] 및 교정 조치[corrective actions]의 반영을 허용하여야 한다. 계획은 제도적이거나 조직적인 변화뿐만 아니라 비상관리 및 사고대응 환경에서의 변화를 반영하기 위한 주기적인 현행화가 이루어져야 한다.

계획은 비상관리와 사고대응을 위한 요구사항[requirements]을 뒷받침할 인력, 장비 및 정부·비정부의 기타 자원의 활용방안을 나타내어야 한다. 계획은 대비 활동의 중심이며 우선순위 설정, 다수 정부/단체 및 직능의 통합, 협력관계 구축, 그리고 통신 및 기타 시스템이 비상관리와 사고대응 활동 전반을 효과적으로 지원하고 있음을 보장하기 위한 메커니즘을 제공한다. 계획은 또한 사고 발생 시와 발생 후에 정부의 연속성[COG]과 운영의 연속성[COOP]을 관리하기 위한 전략을 포함하여야 하고, 핵심기반시설의 복원성과 공동체의 경제적 안정성을 보장하기 위한 메커니즘을 제공하여야 하고, 대응인력의 보호·자원관리 및 통신 정보관리에 관한 사전 계획을 포함하여야 한다.

계획은 비상관리 및 사고대응 활동의 조율이 촉진되도록 모든 관계 부처·기관 및 조직(필요하다면 NGO와 민간부문 포함)을 통합하여야 한다. 계획은 필요한 부처, 기관 또는 조직으로부터 지원을 구하고 요청하기 위한 명확한 진행 프로세스를 적절한 곳에 포함하여야 한다. 정부와 조직이 대응, 경감 및 복구 계획과 같은 갖가지 형태의 계획을 수립하는 것이 일반적이기는 하나, 계획 상호 간에는 조정과 보완이 이루어져야 한다. 주·부족 및 지방정부는 종합대비교본[CPG] 101, "주·부족 및 지방 정부를 위한 운영계획 수립"을 활용함으로써 통합계획수립시스템[IPS]에 따르는 것이 권장된다. 종합대비교본[CPG] 101은 통합계획수립시스템[IPS]이 "계획수립 프로세스를 돕기 위해 연방·주·지방 및 부족의 계층에서 사용될 수 있는...모든 위험요인에 대한 계획수립 지침[guide for all-hazards planning]"을 포함하여야 한다는 부록[Annex] I 의 요구에 부응

한다. 통합계획수립시스템IPS은 주·부족 및 지방정부에 의해 사용되는 많은 수의 계획수립 형식formats, 방식styles 및 프로세스를 충분히 수용할 정도로 유연하다. 시간이 지나면서 통합계획수립시스템IPS의 사용이 국가 차원에서 계획의 표준화를 촉진시키고 대비 태세를 높일 것으로 기대된다. 통합계획수립시스템IPS과 종합대비교본CPG 101은 함께 주·부족 및 지방정부에 연방의 계획수립 절차를 명확히 설명하고 범정부적으로 일관된 계획수립 프로세스를 구축함으로써 국가의 수직적인 통합을 지원한다.

각 정부는 적절한 기관 및 조직과 협력하여 각자의 대비, 비상관리 및 사고대응 활동의 범위를 정의하는 계획을 수립하여야 한다. 또한 정부는 필요에 따라 위협 분석에 따른 시나리오 별 특정 계획이나 부록annexes을 작성하여야 한다. 이러한 계획은 지원을 위한 조직의 구조, 역할과 책임, 정책과 규약을 포함해야 하고 모든 사고에 적용될 수 있도록 유연해야 하며 제기될 수 있는 일반인의 다양한 요구에 부응할 수 있도록 포괄적이어야 한다. 일반인의 대비는 대부분 NIMS의 범위를 벗어난 것이나, 계획은 일반인의 인식awareness, 교육, 그리고 통신계획과 규약을 포함해야 한다.

1) 연속성 역량

최근의 자연적·인적 재난들은 모든 상황에서 필수기능의 연속성과 헌법 하에서의 정부형태의 유지를 보장하기 위해 연방, 주, 부족 및 지방은 물론 민간부문의 굳건한 연속성 역량이 필요함을 입증하고 있다.

올바른 연속성 기획 및 프로그램 관리와 더불어 올바른 통솔력, 지원인력, 통신, 시설, 기반시설 및 기타 자원이 정부를 뒷받침하고 있음을 보장하는 것은 비상관리와 사고대응 작전의 성공에 있어서 매우 중요하다.

굳건한 연속성 역량의 목표는 어떠한 도전과 위협 또는 취약성에 직면하더라도 복원력resiliency을 갖는 것이다. 연속성 계획수립은 각급 정부와 민간부문의 모든 기관과 특히, 국가안보대통령훈령 제51호/국토안보대통령훈령 제20호NSPD-51/HSPD-20(2007.5.4), "국가의 연속성 정책"에서 제시된 국가의 필수기능을 지원하는 조직의 내부에서 제도화되어야 한다. NSPD-51/HSPD-20 및 연방연속성훈령Federal Continuity Directive 제1호(2007.2.4)는 (비-연방 조직을 위한 안내와 함께) 모든 연방 부처와 기관을 위한 연속성 요구사항requirements의 개요를 서술하고 있다. 이러한 요구사항에는 필수 기능, 승계 순서, 권한 위임, 대체 시설과 통신, 필수기록물 관리와 인적 자산 등이 포함된다.

2) 상호응원협정 및/또는 지원협정

상호응원협정 및/또는 지원협정은 인력, 장비, 물자 및 기타 관련 서비스 형식의 응급지원을 신속히 얻기 위한 메커니즘을 제공하는 기관, 조직 또는 정부 간 협정이다. 주요 목표는 사고 발생 이전, 발생 시 및 발생 이후에 긴급지원 자원의 신속한, 단기간의 배치를 촉진하는 것이다. 서명이 된 협정이 응원應援 제공이나 접수 의무를 지게 하지는 않으나 응원을 위한 도구가 된다. 다음과 같이 여러 종류의 협정이 있을 수 있으나, 이에 국한되지는 않는다.

- 자동적 상호응원[Automatic Mutual Aid] : 사고 별 승인[incident-specific approvals] 없이도 요청된 자원의 자동 파견과 대응을 허용하는 협정. 이러한 협정은 대개 기본계약[basic contracts]이며 일부는 비공식 협정[informal accords]일 수도 있다.
- 지방의 상호응원[Local Mutual Aid] : 지원을 위한 공식요청을 수반하고 주로 자동적 상호응원 보다 넓은 지역을 대상으로 하는 인접한 정부나 조직 간의 협정
- 지역의 상호응원[Regional Mutual Aid] : 정부의 의회나 이와 유사한 지역 협의체가 종종 후원하는 주[州] 지역의 다수 정부 간의 상호응원 협정
- 주 전체/주 내의 상호응원[Statewide/Intrastate Mutual Aid] : 주 전체의 대비를 향상시키기 위한 조치로 주와 지방 정부와 민간의 자산을 포함하며 주정부를 통해 종종 조율이 이루어진 협정
- 주 간의 협정[Interstate Agreements] : 비상관리지원협정[EMAC]이나 대응활동을 지원하는 기타 공식적인 주정부 간 협정을 통한 다른 주의 지원
- 국제 협정[International Agreements] : 비상사태 시 연방의 자산을 교환하기[exchange] 위한 미국과 타국 간의 협정
- 기타 협정[Other Agreements] : 각급 정부(외국 포함), NGO 또는 민간부문 간에 지원 및/또는 자원을 요청하거나 제공하는데 사용되는 공식 또는 비공식 협정

정부는 그들이 지원을 받거나 제공하기를 기대하는 적절한 다른 정부 및/또는 조직(필요하다면 NGO와 민간부문 포함)과 협정의 당사자가 되어야 한다. 주는 모든 지방정부를 아우르는 주 간의 협정에 참여하여야 하고 주 내의 협정 체결을 모색하여야 한다. 참여하는 각 정

부 및/또는 조직의 당국자들은 모든 상호응원협정과 지원협정을 종합적으로 승인하여야 한다. 사고 발생시 적시 지원을 촉진하기 위하여 美적십자사American Red Cross와 구세군the Salvation Army과 같은 공동체기반, 종교기반 및 국가의 조직을 포함하여 민간부문 및 NGO와의 양해각서memorandums of understanding와 합의각서memorandums of agreement가 필요하다.

협정에는 다음의 요소나 조항이 포함되어야 한다.

- 협정에 사용되는 핵심용어의 정의
- 각 당사자들의 역할과 책임
- 지원을 요청하고 제공하는 절차
- 비용의 지급, 상환 및 할당을 위한 절차, 권한 및 규정
- 통보 절차
- 상호운용이 가능한 통신규약
- 정부 간의 기타 협정과의 관계
- 지원인력에 대한 보상
- 책임 및 면책
- 자격, 면허 및 인증의 인정
- 협정 공유(필요한 경우)
- 종료 조항

나. 절차procedures와 규약protocols

절차와 규약에는 계획이나 시스템을 실행하기 위한 구체적인 조치사항이 상세히 열거되어야 한다. 모든 비상관리/대응기관과 부속조직은 사고 대응 작전에 사용할 구체적이고 행동지향적인 체크리스트

로 옮길 수 있는 절차와 규약을 수립하여야 한다.

절차는 체크리스트, 자원 목록, 지도·차트 및 관련 데이터, 직원에게 통지하기 위한 메커니즘, 장비·물자 및 수송수단 확보와 사용을 위한 프로세스, 상호응원협정 및/또는 지원협정 확보 방법, 기관운영본부[DOC] 및 비상운영본부[EOC]에 정보를 보고하기 위한 메커니즘, 정부·NGO 및 민간부문과의 연계성을 포함하는 통신운영지침[communication operating instructions]과 함께 작성되고 시행된다.

절차문서[procedural documents]에는 4가지의 일반적인 수준[standard levels]이 있다.

- 표준운영절차[SOP] 또는 운영매뉴얼[Operations Manual] : 1개 기능이나 상호 연관된 수개의 기능을 동일한 방식으로 이행하게 하는 선호되는 방법[preferred method]의 목적, 법적 근거, 존속기간 및 세부사항을 제공하는 완전한 참조문서[reference document]
- 현장운영교본[Field Operations Guide] 또는 사고관리편람[Incident Management Handbook] : 특정한 과업[assignments]이나 기능[functions] 수행에 필요한 필수 정보를 담은 내구성이 있는 휴대용 또는 탁상용 교본[pocket or desk guides]
- 동원교본[Mobilization Guide] : 자원을 소집·편성 및 수송하기 위하여 모든 참여 조직에 의해 사용되는 협정, 진행 프로세스 및 절차의 개요를 서술한 참조문서
- 직무보조물[Job Aid] : 업무[task]나 과업[assignment]을 완수하기 위한 특정 단계가 완료되었음을 분명히 하기 위한 체크리스트나 기타 시각 보조물. 직무보조물은 특정 업무[job tasks]를 완수하는 방법을 개개인에게 가르치기 위한 교육훈련 보조교재로 쓰인다.

규약은 정해둔 여러 상황에서 (개인, 팀, 기능 또는 역량에 의해 지정될 수 있는) 조치를 위해 제정된 일련의 지침guidelines이다. 규약을 제정하는 것은 허가를 구할 필요 없이 업무, 기능 또는 서로 밀접히 연관된 수개의 기능의 신속한 집행을 허용하는데 필요한 지시명령standing orders과 권한 및 위임을 주는 것이다. 규약은 교육훈련과 권한의 위임에 근거하여 특정 인력이 상황을 평가하고, 개입을 위해 즉시 조치를 취하고, 추가적인 지도guidance나 권한을 필요로 하기 전에 그들의 활동을 특정한 수준으로까지 확대할 수 있게 한다.

다. 교육훈련training과 연습exercises

선출직·임명직 관료와 같은 지도자의 지위에 있는 인력을 포함해 각급 정부의 비상관리와 사고대응 역할을 맡은 인력은 모든 위험요인 대처 역량all-hazards capabilities을 범국가적으로 개선하기 위해 적절한 훈련을 받아야 한다. 아울러 대응작전에서 직접적 역할을 맡은 NGO와 민간 부문의 기관들이 NIMS 교육훈련과 연습에 참여하는 것이 적극 권장된다. 체계structures와 작전 조정 프로세스 및 시스템에 초점을 둔 표준화된 NIMS 교육훈련 과정은 직능분야별, 기관별 전문기술expertise에 초점을 둔 교과과정과 더불어 비상관리/대응기관이 사고 발생시 함께 효과적으로 활동할 수 있도록 하는데 도움이 된다. 실제 사고 발생시 경험이 부족한 인력이 경험이 많은 인력을 관찰하게 하는 멘토링mentoring이나 섀도잉shadowing 기회를 포함시켜 교육훈련과 연습을 강화하여야 한다. 게다가 연습은 인력이 가능한 한 언제든지 지휘관이나 감독자 또는 지도자 등의 다양한 역할을 모의 훈련해볼 수 있도록 설계되어야 한다.

NIMS 교육훈련의 수준은 사고관리 및 사고대응 활동에 관여하는 인력, 정부 또는 조직의 관여 수준에 따라 달라진다.

교육훈련은 전문인력practitioners이

- 연습, 계획된 이벤트 및 실제 사고 상황에서 NIMS의 개념과 원칙을 사용하게 하고,
- 사고지휘시스템ICS을 포함하여 NIMS의 사용이 보다 편하도록 하여야 한다.

NIMS의 성능performance을 향상시키기 위해서는 비상관리/대응기관이 다학제적多學際的, 다중관할多重管轄의 사고수습 그리고 NGO 및 민간부문과의 상호작용interaction을 포함하는 실제와 같은 연습에 참여하여 조정력과 상호운용성을 높여야 한다. NIMS 각 부문의 철저한 연습은 NIMS의 특정 분야와 그 구성요소를 평가하는 1개의 연습이나 일련의 연습을 통해 이루어질 수 있다.

> 연습은 교정조치corrective actions를 계획수립 프로세스에 포함시키기 위한 메커니즘을 둬야 한다.

연습은 부처, 기관, 상호응원협정 및 지원협정의 당사자, NGO와 민간부문을 포함하여 전략과 운영계획(예, 비상운영계획)에서 확인된

당사자들과 함께 실시되어야 한다. 연습은 사고로부터의 교훈과 교정 조치를 계획수립 프로세스에 포함시키는 메커니즘을 포함하여야 한다. 연습 설계, 방법론 및 평가에 관한 안내[guidance]는 국토안보 연습 및 평가 프로그램[HSEEP]이나 기타 연습개발 도구를 참조하시오. 연습은 또한 다음사항을 다뤄야 한다.

- 계획, 특히 지방, 주[州] 내 및/또는 주[州] 간의 상호응원협정과 지원협정을 가동하기 위한 프로세스와 절차의 모든 면
- 이러한 협정을 가동하는데 필요한 지식

라. 인력의 자격[qualifications]과 인증[certification]

NIMS 대비의 핵심은 비상관리/대응 인력의 자격, 면허 및 인증을 위한 공통의[common] 또는 양립될 수 있는[compatible] 구조를 허용하는 국가 기준[national standards]을 사용하는 것이다. 기준[standards]은 이들이 사고관리와 비상대응 활동을 안전하고 효과적으로 수행하는데 필요한 최소한의 지식, 기술 및 경험이 있음을 보장하는데 도움이 될 것이다. 기준[standards]에는 일반적으로 교육훈련, 경력, 신임[credentialing], 유효성 확인[validation] 및 체력·건강 적합성 등이 포함된다. 비상관리와 사고대응 기관과 더불어 연방·주·부족 및 지방의 인증기관[certifying agencies], 전문·민간기관들이 각자의 학문분야나 정부 내에서 이들 개개인을 신임[credentialing(信任)]하는 것이 권장된다. 이러한 자발적인 신임을 위한 기준선[baseline criteria]은 국가통합센터[NIC]가 필요에 따라 신임을 받은 인력[credentialed personnel]의 국가 수준의

사고수습 참여를 허용할 특정 비상관리 직위에 대한 최소 요건minimum thresholds과 관련된 기준standards을 세부적으로 기술할 적절한 전문가와 유관기관 및/또는 권위 있는 단체의 자문을 받아 수립할 것이다.

마. 장비 인증certification

비상관리/대응기관과 부속조직은 필수임무 수행을 위하여 다양한 종류와 유형의 장비를 필요로 한다. 대비의 핵심요소의 하나는 다른 정부나 참여 조직이 사용하는 장비와의 호환성을 포함하여 일정한 기준standards(전국소방협회National Fire Protection Association 또는 국가표준기술원National Institute of Standards and Technology과 같은 조직이 정한)에 미치는 장비를 획득하는 것이다. 이와 함께 사고 발생 이전에 계획의 실효성을 높이고 사고수습의 요구에 부합해 빠른 확장성scaling과 유연성을 갖게 할 유형별 장비의 성능에 대해 이해를 같이 하는 것이 필요하다.

5. 경감mitigation

경감은 비상관리와 사고대응의 중요한 요소이며 재난의 영향을 피하거나 완화함으로써 자연재해 및/또는 인적 재난으로부터 인명과 재산의 손실을 저감하고 환경에 대한 피해를 최소화하기 위한 활동의 중요한 토대가 된다. 경감은 재난 피해, 재건 및 반복된 피해의 악순환을 차단하고 보다 안전한 공동체를 만들어 공중에게 이익을 제공한다.

경감 조치는 사고지휘관[IC]/통합지휘부[UC]과(와) 핵심기반시설/주요자원[CI/KR]의 시설 운영자 간의 효과적인 조율이 이루어져야 한다. 이러한 활동이나 조치는 대부분의 경우 그 효과가 장기적으로 지속될 것이다. 위험을 측정·평가하고, 위험에 대처할 전략을 개발하는 프로세스인 위험관리는 경감활동의 중심이 된다. 위험관리, 즉 위험을 측정하거나 평가하고 그것을 관리할 전략을 수립하는 프로세스는 경감의 필수 분야이다. 위험관리 전략에는 위험의 회피(예, 범람원 내 건축물 제거), 위험의 부정적인 영향 완화(예, 빌딩 주위 장벽 설치로 빌딩을 견고하게 보강), 또는 특정 위험의 일부분이나 모든 결과의 수용이 포함된다.

경감 활동의 사례에는 다음과 같은 것들이 있다.

- 인명손실과 재산피해를 저감하기 위한 일반인 대상의 지속적인 교육과 현지[outreach] 활동
- 범람원 관리와 토지 사용 규제에 순응
- 신축 건물에 대한 엄격한 건축 규제, 내진 설계기준 및 강풍대비 시설요건 적용 또는 현존 건물의 개조나 수리
- 지역사회의 경제적 안정과 사업의 연속성을 보장하기 위해 설계된 핵심기반시설/주요자원[CI/KR]의 보호와 복원력[resilience]을 보장하기 위한 대책을 지원
- 홍수 다발 지역의 피해 가옥과 사업체를 인수, 해당 구조물들을 이전, 그리고 해당 지역을 개활지·습지 또는 레크리에이션 용도로 전환
- 허리케인이나 토네이도 다발지역의 가옥·공공건물 및 학교시설의 주민보호를 돕기 위해 대피시설[shelters]과 안전가옥[safe rooms]을 확인, 활용 및 재정비
- 중요 문서와 기록물의 망실 방지를 위해 각급 정부에서 필수 기록물 보존 프로그램 시행

- 테러분자의 잠입과 공격 저지 등 경찰 활동을 유도할 첩보사항 공유와 연계
- 지구 공간 기술geospacial techniques을 활용하여 주기적으로 위험 지역의 지도 재 작성
- 전략적 계획수립과 분석에 도움이 될 역사적 사고 관련 자료 관리
- 위험 종류별 대피경로 개발 등

부문Ⅱ 통신정보관리communications & information management

비상관리와 사고대응 활동의 효과는 비상관리/대응기관과 부속조직에 공통운영상황도common operating picture를 제공하는 통신 및 정보시스템의 유연성에 달려 있다. NIMS의 통신정보관리의 주요 목표는 공통운영상황도를 수립·유지하고 접근성과 상호운용성을 보장하는 것이다. 적절히 기획, 구축 및 적용이 된 통신은 지휘 및 지원 요소와 필요에 따라 협력 기관과 조직 간에 정보 전파를 가능하게 한다.

사고 통신은 공통의 통신계획, 상호운용이 가능한 통신 장비, 프로세스, 기준standards 및 아키텍처architectures의 개발과 활용을 통하여 촉진된다. 이러한 통합적 접근방법은 사고 발생시 다양한 조직의 작전 및 지원 부서units를 연결하여 통신 연결성과 상황 인식을 유지하게 한다. 통신 및 정보관리 기획planning은 통합 통신을 이루기 위해 필요한 사고 관련 정책, 장비, 시스템, 기준standards 및 훈련을 다뤄야 한다.

제1장 개념과 원칙

통신정보관리의 기본 개념과 원칙은 유연성 있는 통신 및 정보시스템의 사용을 강화하여 비상관리/대응기관이 사고 발생시 정보의 흐름을 지속적으로 유지할 수 있게 하는 것이다. 이 개념과 원칙은 시스템과 그 구성요소의 공통운영상황도, 상호운용성interoperability, 신뢰성reliability·확장성scalability 및 이식성portability, 복원성resiliency과 중첩성redundancy의 유지와 필요성을 강조한다.

1. 공통운영상황도

공통운영상황도는 사고 정보를 수집, 대조 및 종합하고 적절한 모든 관계자에게 전파할 수 있도록 수립·유지되어야 한다. 공통운영상황도를 확보하면 현장의 인력과 비-현장[off-scene] 인력(예, 사고지휘소[ICP], 비상운영본부[EOC], 또는 다수기관조정그룹[MAC Group] 관계자)이 지원요청의 상태, 자원의 가용성과 위치를 포함하여 사고에 대한 동일한 정보를 갖게 된다. 아울러 공통운영상황도는 사고지휘관[IC], 통합지휘부[UC] 및 지원 기관과 조직이 효과적으로, 일관성 있게, 그리고 적시에 의사결정을 할 수 있도록 사고의 개요를 제공한다. 상황인식을 유지하기 위해 통신 및 사고 정보는 지속적으로 현행화되어야 한다. 사고 발생시 공통운영상황도를 갖는 것은 사고 수습에 관계된 모든 사고관리/대응 기관을 위한 일관성 확보에 도움이 된다.

> 공통운영상황도
>
> 의사결정을 지원하기 위해 모든 유관기관으로부터 교통, 날씨, 실제 피해 및 가용 자원 등에 관한 정보(음성, 데이터 등의 유형)를 수집·분석해 만든 사고의 개요

2. 상호운용성

통신의 상호운용성은 비상관리/대응기관과 부속조직이 권한을 부여 받은 때에, 필요로 하는 때에, 그리고 실시간으로 기관과 정부 내외에서 음성, 데이터 및 영상을 통하여 소통할 수 있게 한다. 이러한 통신시스템들이 상호운영 능력을 갖추는 것이 필수적이다. 왜냐하면 정부, 학문분야, 단체 및 기관 간의 이어지는 핵심정보의 흐름에 비상관리와 사고대응 작전의 성공이 달려있기 때문이다.

상호운용성 기획[planning]은 비상관리 및 사고대응 시의 우발사고[contingencies]와 난제[challenges]의 처리방안을 요구한다. 상호운용성 계획에는 거버넌스, 표준운영절차[SOP], 기술, 교육훈련과 연습, 주요 대응활동에 따른 긴장과 혼란 상황에서의 사용법에 대한 고려사항이 포함되어야 한다. 기관과 정부 간의 조율된 의사결정은 적절하고 일관성 있는 거버넌스를 구축하는데 있어 필수적이고 상호운영성을 확보하는데 있어 중요하다. 협정과 SOP는 상호운용성 확보에 필요한 프로세스, 절차[procedures] 및 규약[protocols]을 명확히 드러내야 한다.

3. 신뢰성, 확장성 및 이식성

통신 및 정보시스템은 원인, 규모, 위치 또는 복잡성에 구애됨이 없이 어떠한 유형의 사고에서든 기능[function]할 수 있도록 유연성, 신뢰성 및 확장성 있게 설계되어야 한다. 이러한 시스템은 단일 정부나 기관, 다수 기관이 관여하는 단일 정부, 또는 다수 기관이 관여하는 다수 정부 내에서의 운용에 적합하여야 한다. 통신시스템은 사용자에게 적용되고 수용될 수 있어야 하고, 신기술에 쉽게 적응될 수 있어야 하고, 비상관리/대응기관의 대응이 예상되는 어떠한 사고 상황에서든 신뢰될 수 있어야 한다.

비상관리/대응기관 간의 무선 기술, 규약 및 주파수의 이식성은 필요시 통신시스템을 성공적이고 효과적으로 통합, 전송 및 배치할 수 있게 할 것이다. 이식성은 각 정부에 걸친 무선 채널의 표준화된 할당을 포함하여 대응기관이 각자의 관할지역 밖의 사고수습에 참여하여 익숙한 장비를 여전히 사용하도록 허용한다.

확장성은 대응기관이 어느 시스템의 사용자 수를 늘릴 수 있도록 하는 점에서 정상적으로 다른 시스템들의 상호작용을 용이하게 하는 이식성과 다르다.

4. 복원성과 중첩성

복원성은 기반시설의 피해나 손실을 견뎌내고 작동을 유지할 수 있는 통신시스템의 성능이다. 통신시스템은 지원시스템의 정교하지만 취약한 네트워크에 전적으로 의존해서는 안 된다. 복원성 구현resiliency practices에는 파견센터와 전송시스템 또는 알려진 위험에 견딜 수 있는 기반시설이 포함될 수 있다. 예를 들어, 중계용 안테나 사이트는 정전 시 기능의 연속성을 보장하기 위한 별도의 발전시스템을 갖추고 있다.

중첩성은 정부나 조직의 통신 체계[structures]의 필수요소이다. 동일한 서비스들의 이중화가 중첩성 확보를 위한 한 가지 방법이기는 하나, 중첩성은 주요 역량이 피해를 입은 때에 다양한 대체 방법을 통해 통신하기 위한 성능에서 유래한 것이다. 예를 들어, 공공안전기관이 주요 파견시스템으로 사용되는 첨단 400MHz 음성시스템을 둘 수 있으나, 주요 시스템이 작동하지 않을 경우에는 파견센터로 연락할 수 있는 여분의 VHF시스템을 자체 차량에다 유지할 수 있다. 복원성과 중첩성은 사고 발생시 정보의 흐름을 보장하는데 있어 대단히 중요하다.

제2장 관리적 특징

비상관리/대응기관은 사고 통신과 정보를 효과적으로 관리할 수 있어야 한다. 통신 방법이나 전송 정보에 상관없이 절차와 규약은 준수되어야 한다. 기술이 변하고 정보교환 방법이 개선되면서 관리 절차도 마찬가지로 진화되어야 한다.

1. 표준화된 사고 통신유형

성공적인 통신정보관리를 위해 비상관리/대응기관과 부속조직은 표준화된 통신 유형을 사용하여야 한다. 이러한 통신을 담당할 개인이나 기관/조직의 결정은 지휘관리 부문과 별지[Appendix] B에서 논의된다.

다음은 표준화된 통신 유형의 목록이다.

- 전략적 통신 : 자원의 우선순위 결정, 역할과 책임 결정, 전반적인 사고 대응 방책course of action을 포함하는 고위층의 지시
- 전술적 통신 : 지휘 및 지원 요소 간, 필요에 따라 협력 기관 및 조직 간의 통신
- 지원 통신 : 전략적·전술적 통신을 지원하기 위한 협력[예, 보급지원센터logistics centers로부터 자원 요청·파견 및 추적과 관계된 의료기관 간의 통신, 교통기관 및 공공시설관리기관 간의 통신]
- 공개연설public address 통신 : 비상 주의보emergency alerts와 경보warnings, 기자회견press conferences 등

2. 정책과 기획

조율된 통신 정책과 기획은 효과적인 통신정보관리를 위한 토대가 된다. 통신정보관리가 일상적인 운영에도 중요하나, 잘 짜인 절차와 규약은 사고대응 활동에 있어 매우 중요하다. 면밀한 기획으로 사용할 통신시스템과 플랫폼, 사용자, 다른 환경에서의 필수 정보, 모든 장비와 시스템의 기술적 매개변수parameter, 그리고 기타 연관된 고려사항을 결정하여야 한다.

모든 이해관계자들 사이의 정보 흐름이 지극히 중요하나, NGO, 민간부문 및 핵심기반시설의 소유자와 운영자를 고려할 때 상호운용성은 추가적인 난제challenges를 드러낸다. 보다 철저하고 통합된 통신 계획과 전략을 짜려면, 모든 이해관계자들이 회의meetings와 계획수립 회기sessions에 참여하여야 한다. 기술 및 장비 기준technology and equipment standards 역

시 이해관계자들이 상호운용interoperable과 양립compatible의 기회를 갖도록 적절한 때에 공유되어야 한다.

완전한 통신관리 정책과 계획에는 다음의 정보가 포함되어야 한다.

- 정보 요구needs는 정부/조직에 의해 정해져야 한다. 이러한 요구는 종종 연방, 주, 부족 및 지방의 계층에서 NGO 및 민간부문과 협력하여, 주로 대비 조직을 통해서 충족된다.
- 정부나 조직의 정보관리시스템은 필요 시에 정보 요구를 공통운용상황도에 통합하기 위한 안내guidance, 기준standards 및 도구tools를 제공하여야 한다.
- 경보, 사고 통지, 공보통신 및 기타 핵심 정보를 위한 절차와 규약은 비상운영본부EOC의 통합 네트워크를 통하여 전파된다. 통지는 비상운영계획EOP과 사고조치계획IAP에서 정한 메커니즘을 통해 적절한 계층의 정부, NGO 및 민간부문에 전달된다.
- 각급 기관은 사고관리에 관련된 모든 지휘, 조정 및 지원 기능을 통합하고 핵심정보 공유와 필요한 교정조치의 목록 작성cataloging을 위한 정보관리기술(예, 컴퓨터, 네트워크 및 정보공유 메커니즘)을 효과적이고 효율적으로 사용할 수 있도록 미리 계획을 세워야 한다.

3. 협정

정부의 비상운영계획EOP에 사용된 계획수립 프로세스에서 확인된 모든 당사자들은 계획과 절차 내의 요소들이 사고 발생시 시행될 수 있도록 하기 위해 협정을 체결할 필요가 있다. 이 협정에는 정보의 활용이나 공유에 관해 당사자들의 합의를 통한 모든 통신 시스템과 플

랫폼이 구체적으로 명시되어야 한다.

4. 장비 기준[standards]과 교육훈련

비상관리/대응기관이 사용하는 통신장비는 공통 인터페이스를 통해 연결될 수 있는 시스템과 그 하부요소로 구성되며, 그 중 대부분이 중추망[backbone]을 제공하는 민간부문에 의존한다. 공공/민간 통신시스템과 부속 장비의 유지는 비상관리와 사고대응 활동에 꼭 필요하므로 이러한 시스템과 장비를 주기적으로 개량하고 최신화하여야 한다. 이러한 시스템과 장비에 관계되는 기준[standards]을 개발할 때는 통신시스템이 사용될 수 있는 폭넓은 조건에 관한 고려가 있어야 한다. 상호운영이 가능한 시스템과 장비를 활용하는 교육훈련과 연습 실시로 모든 관계자는 사고발생 이전에 해당 시스템과 장비의 능력[capabilities]과 한계[limitations]를 인식하고 있어야 한다. 아울러 통신계획에는 휴대용 컴퓨터[hardened laptops] 및/또는 개인정보 단말기[personnel digital assistants]에 대한 요구도 반영되어야 한다.

제3장 구성[organization]과 운영[operations]

1. 사고 정보

사고수습 과정에서 정보는 사고지휘관[IC], 통합지휘부[UC] 및 지원 기관과 조직의 의사결정을 뒷받침하는데 있어 매우 중요하다. 많은 정보가 사고지휘시스템[ICS] 내부의 다양한 기능을 위해 활용된다. 예를 들어, 정보는

- 사고조치계획[IAP] 작성을 위한 계획수립 과정에 도움이 될 수 있다.
- 보도자료의 핵심이 될 수 있다.
- 재무/행정단[Finance/Administration Section]의 사고수습 비용 결정을 지원할 수 있다.
- NGO와 민간부문 자원의 추가 개입의 필요성을 결정할 수 있다.
- 안전 문제를 확인할 수 있다.
- 정보 요청에 대해 후속조치를 할 수 있다.

다음은 의사결정에 사용될 수 있는 사고 정보의 사례이다.

가. 사고 통지, 상황 및 현황 보고

상황인식[situational awareness]이 유지되고 비상관리/대응기관이 중요 정보에 쉽게 접근할 수 있음을 보장할 수 있도록 사고보고 및 문서작성 절차는 표준화되어야 한다. 상황보고[situation reports]는 지난 작전기간[operational period]의 사고수습 개요를 제공하고 사고 관련 세부사항(누가, 무엇을, 어디서, 어떻게 등)에 대해 확인되었거나 유효성이 검증된[verified] 정보를 포함한다. 상황보고에 포함될 수 있는 현황보고[status reports]는 특히 자원의 현황과 관계된 정보(예, 자원의 이용가능성이나 임무)를 전달한다.

사고통지, 상황 및 현황 보고에 포함되는 정보는 정보의 처리를

촉진시키기 위해 표준화되어야 하나, 표준화가 보고조직 특유의 정보 수집이나 전파에 장애가 되어서는 안 된다. 공통 포맷으로 데이터를 전송하는 것은 적절한 정부와 조직에, 그리고 자료 조회 및 정보/첩보 평가·분석을 처리할 국가의 시스템에 관련 정보의 전달을 가능하게 한다.

나. 데이터 분석analytical data

공중보건 및 환경감시에 관한 정보와 같은 데이터는 표준 데이터 수집 기술과 정의를 준수하여 수집되어야 하고 표준화된 분석 프로세스를 이용하여 전송되어야 한다. 공중보건 및 환경 시료의 채취가 필요한 사고 발생시 계층이 다른 정부의 다수 조직이 데이터를 빈번하게 수집하게 되므로, 데이터 수집과 분석의 표준화가 매우 중요하다. 아울러, 시료 채취 및 데이터 수집의 표준화는 분석결과에 대한 신뢰성과 의사결정의 합리성을 높여준다.

다. 지리공간 정보geospatial information

지리공간 정보는 지리적 위치, 자연적 특성 또는 건축물의 특징과 경계와 관련된 정보로 정의된다. 지리공간 정보는 평가, 상황보고 및 사고통지를 공통운용상황도에 통합하고 수많은 종류와 출처의 데이터 및 영상자료를 합성하기synthesize 위한 데이터 융합fusion 및 분석 도구로 사용된다. 지리공간 데이터의 사용(과 그것의 첩보 역량의 인식)은 사고 발생시 점점 더 중요해진다. 지리공간 정보 역량(국가적으로 일관된 좌표시스템이나 위도와 경도에 근거한 위성위치 확인시스템)은 사고 대비 활동을 통해 관리되어야 하며 자원관리와 공보를 포함하여 지휘, 조정 및 지원요소와 통합되어야 한다.

지리공간 데이터의 활용은 눈에 띄지는 않으나 심각한 오류를 유발하는 오역[誤譯], 뒤바뀜이나 그 밖의 오용의 가능성이 있으므로 일관성 있는 기준[standards]에 따라야 한다. 지리공간 정보를 다루는 기준[standards]은 이동통신[telecommunications]이 큰 영상[images]을 다룰 수 없거나 컴퓨터 하드웨어 면에서 제한이 있을 수 있는 멀리 떨어진 현장이나 재해 지역에서도 시스템들이 사용될 수 있도록 하여야 한다.

2. 통신 기준[standards]과 형식[formats]

다양한 조직이 효과적으로 협력하기 위해서는 통신 및 데이터 기준[standards], 관련 테스트와 준수 메커니즘이 필요하다. 통신 기준과 형식은 조직과 기능, 자원의 특정 역량을 반영하기 위한 자원의 공통 "유형[typing]", 사고수습 작전 지원시설 및 장소에 대한 공통의 인식자[identifiers] 등을 집약적으로 표준화한 것이다. 공통 용어, 기준[standards] 및 절차가 정해져야 하고 가능한 한 계획과 협정에 세부적으로 기재되어야 한다. 각 정부는 상호운용이 가능한 국가의 통신 기준[standards]이 정해지면 이에 따르도록 요구 받을 수 있다. 국가통합센터[NIC]는 인정된 표준개발

조직과 제휴하여 NIMS 사용자에게 적합한 기준standards을 지정할 것이다.

가. 무선통신 사용절차

특정한 사고 통신과 기타 중요한 사고 정보에 관한 절차와 규약은 가능한 한 사고 발생 이전에 협정이나 계획에 제시되어야 한다. 이러한 절차와 규약은 사고 발생시 통신계획을 수립하기 위한 토대가 된다. 수신센터receiving center는 비상 정보의 접수를 알려야 한다. 아울러, 각 기관/조직은 각자의 직원들에게 정보를 전파할 책임이 있다.

> 사고대응 활동 시 무선교신은 비상관리/대응기관의 업무를 효과적으로 이행하는데 필요한 메시지로 제한되어야 한다.

비상관리와 사고대응 활동에 참여하는 모든 비상관리/대응기관은 상호운용성, 조정, 지휘 및 통제를 위한 인정된 절차와 규약을 준수하여야 한다.

나. 공통 용어, 평이한 언어(평문) 및 양립성

학문분야, 정부, 단체 및 기관이 다른 비상관리/대응 인력이 함께 일하기 위해서는 상호 간의 소통이 가능하여야 한다. 공통 용어common terminology는 비상관리/대응 인력이 사고의 규모, 범위, 위치 또는 복잡성에 구애됨 없이 서로 정확히 소통하고 활동을 효과적으로 조율할 수 있게 한다.

비상관리와 사고대응에 있어 평이한 언어(평문)의 사용은 공공의 안전, 특히 비상관리/대응 인력과 사고에 피해를 입은 사람들의 안전이 걸린 문제다. 사고수습에 관계된 모든 기관이 공통적으로 정한 운영체계[operational structures], 용어, 정책 및 절차를 알고 사용하는 것이 중요하다. 이것은 기관/단체, 정부 및 학문분야에 걸쳐 상호운용성을 촉진할 것이다.

사고 발생시 조직 간의 모든 통신은 구두[oral]이든 문서[written]이든 평이한 언어로 이뤄져야 하며, 이는 정보 전파의 적시성, 명확성 및 의도된 수신자의 이해를 보장한다. 암호[Codes]가 사용되어서는 안 되며 모든 통신은 필수 메시지에 국한되어야 한다. 다수의 기관이나 조직의 참여가 필요한 사고수습 기간에 약어[acronyms]의 사용은 피해야 한다. 모든 비상관리/대응기관과 부속조직 간에 정보 공유가 가능한 한 최대한 허용되도록 양립성[compatibility]을 높이는 정책과 절차가 수립되어야 한다.

다. 암호화[encryption] 또는 전술언어[tactical language]

보안 유지에 필요할 경우 사고관리/대응기관과 부속조직은 정보의 암호화를 위한 방법론과 시스템을 확보하여야 한다. 사고 수습에 있어서 평이한 언어 사용이 적합하긴 하나, 사고의 성격(예, 진행중인 테러사건)에 따라 때때로 전술언어가 사용될 수도 있다. 전문화된 암호와 전술언어 사용은 포괄적인 사고조치계획[IAP]이나 사고관리 통신계획에 포함되어야 한다.

라. 합동정보시스템[JIS]과 합동정보센터[JIC]

공통 정보 형식[formats]의 사용을 촉진하기 위하여 합동정보시스템[JIS]과 합동정보센터[JIC]가 설계되어야 한다. 합동정보시스템[JIS]은 위기[crisis]나 사고 수습작전 기간에 일관성 있는, 조율된, 정확한, 접근 가능한, 그리고 적시의 정보를 제공하기 위해 설계된 응집된 조직[cohesive organization]에 사고정보와 공보사항을 통합한다.

합동정보센터[JIC]는 사고와 관련한 조율된 메시지를 작성·배포하기 위한 체계[structures]를 제공한다. 합동정보센터[JIC]는 공보 계획과 전략을 수립·권고 및 집행하고, 대응 활동에 영향을 줄 수 있는 공보 사안에 관해 사고지휘관[IC]·통합지휘부[UC] 및 지원 기관이나 조직을 자문하고, 비상대응 활동에 있어 일반인의 신뢰를 약화시킬 수 있는 소문이나 부정확한 정보를 통제한다. 합동정보센터[JIC]는 사고 현장의 모든 언론을 위한 창구[central point of contact]가 된다. 모든 참여 기관/조직의 공보관들은 합동정보센터[JIC]에 함께 배치[co-locate]되어야 한다.

마. 인터넷/웹 절차

인터넷과 기타 웹 기반 도구는 비상관리/대응기관과 부속조직을 위한 자원이 될 수 있다. 예를 들어, 이러한 도구는 사고 발생 이전과 발생 시 사고 수습에 관계된 조직/기관이나, 적절한 시기에 일반인에게 상황인식을 제공하는 메커니즘으로 사용될 수 있다.

이러한 도구를 귀중한 통신시스템 자원으로 사용하기 위하여 사고 발생시 이들의 사용을 위한 절차가 수립되어야 한다. 이러한 애플리케이션을 통하여 사고 발생시 게시되었거나 공유된 정보는 계획되고 표준화된 방법을 따라야 하며 전반적인 기준^standards^, 절차^procedures^ 및 규약^protocols^을 대체로 준수하여야 한다.

> 인터넷과 기타 웹 기반 도구는 사고발생 시 상황인식^situational awareness^과 위기정보관리^crisis information management^를 돕는데 적절히 사용될 수 있다.

바. 정보보안

정보보안을 위한 절차와 규약이 수립되어야 한다. 불충분한 정보보안은 시의 적절하지 못한, 부적절한, 그리고 단편적인 정보 배포를 초래함으로써 오해의 가능성을 높이고 이미 복잡한 대중의 안전 문제를 더욱 복잡하게 만들 수 있다. 부적절하게 분류되었거나 민감한 공중보건 또는 경찰 정보의 배포는 국가안보, 진행중인 수사 또는 공중보건을 위태롭게 할 수 있다. 잘못된 정보는 사람들을 위험에 빠뜨릴 수 있고, 일반인들에게 공포감을 초래할 수 있으며, 올바른 정보의 흐름을 방해할 수 있다. 잘못된 정보를 바로잡는 것은 사고대응인력^incident response personnel^의 귀중한 시간과 노력을 낭비하게 한다.

사고 정보에 접근하고 특히, 정보를 시스템(예, 상황보고)에 제공하는 개인과 조직은 보안 목적상 적절한 인증을 받아야 한다. 이것은 정보가 진짜임이 적절히 밝혀지고 보호될 수 있음을 보장하기 위해 충분히 유연하고 든든한 국가적인 진위확인[authentication] 및 보안인증[security certification] 기준[standards]을 필요로 한다. 국가통합센터[NIC]가 이러한 기준 개발의 촉진을 담당하나, 각급 정부, NGO 및 민간부문은 진위확인 프로세스에 협력하여야 한다.

부문Ⅲ 자원관리resource management

비상관리와 사고대응 활동은 사고수습 요구에 부응하기 위해 주도 면밀히 관리된 자원(인력, 팀, 시설, 장비 및/또는 물자)을 필요로 한다. 분류, 목록작성, 편성 및 추적과 같은 표준화된 자원관리 개념의 사용이 사고 발생 이전에, 발생 시 및 발생 이후에 자원의 파견, 배치 및 회수를 촉진할 것이다. 자원관리는 어떠한 사고든 지원할 수 있도록 유연성과 확장성은 물론 변화에 적응성이 있어야 한다. 자원을 효과적이고 효율적으로 배치하기 위해서는 자원관리 개념과 원칙이 비상관리와 사고대응의 모든 단계에 적용되어야 한다.

> 정해진 종류의 사고에 대한 자원 요구needs는 자원관리의 모든 요소를 포함한 배치 전략을 세울 수 있을 만큼 충분히 예상될 수 있다.
>
> - 사고발생 전 임무 부여 : 인력과 팀에게 사고 대응에 예상되는 특정 과업을 부여
> - "전진배치move-up" 또는 "뒤채움backfill" 전략 : 사고 장소에 가장 가까이 있는 자원을 사고지역으로 이동시키면서, 보다 멀리 있는 자원으로 배치되는 자원의 뒤를 채워 빈틈을 메움
> - 자원의 지역적 사전 배치 : 동원 전 자원의 최종 준비와 동원해제 시 자원의 회복을 위하여 지정된 지역을 활용

지방의 일상적인 사고에서 조율된 연방의 대응coordinated Federal response을 필요로 하는 사고에 이르기까지, 자원관리는 사고 발생시 때맞춘 적합한 자원을 제공하기 위한 조정, 감독 및 프로세스를 수반한다. 자

원은 비상운영본부EOC나 이와 유사한 장소에서 이루어지는 다수기관 조정시스템MACS 내부의 기능이나 사고지휘소ICP를 통해서 현장과 지휘 작전을 지원할 수 있다.

사고수습의 우선순위가 정해지고, 자원에 대한 요구가 확인되고, 자원주문이 이루어지면서 자원요청을 처리하기 위해 자원관리시스템이 사용된다. 사고발생 초기 단계에서 요청된 대부분의 자원은 지방에서 또는 응원협정 및/또는 지원협정을 통해 처리된다. 사고의 규모와 복잡성이 커지거나 큰 규모의 사고가 발생한 경우에 자원에 대한 요구needs가 다른 공급원sources에 의해 충족될 수도 있다. 핵심 자원에 대해 경합이 있는 경우, 자원의 가용성, 다른 사고 수습의 요구와 기타 제한 및 고려사항에 따른 자원의 할당 및 배분의 우선순위 선정과 조정을 위해 다수기관조정시스템MACS이 사용될 수 있다.

제1장 개념과 원칙

1. 개념

- 일관성 : 자원을 확인, 획득, 배분 및 추적하기 위한 일반적인 방법 제공
- 표준화 : 상호응원협정이나 지원협정의 실효성을 개선하기 위한 자원 분류
- 조정 : 최적의 편익을 위한 자원 통합 및 활용 촉진
- 활용 : 정부의 자원관리 계획수립 활동에 각급 정부, NGO 및 민간부문의 가용자원을 적절히 포함
- 정보관리 : 통신 및 정보관리 요소를 자원관리 조직, 프로세스, 기술 및

의사결정 지원에 철저히 통합

- 신임[credentialing] : 일관된 교육훈련, 면허 및 인증 기준[standard]을 보장하는 기준[criteria] 사용

2. 원칙

자원관리의 기초는 다음 5가지의 상호 긴밀히 엮여있는 원칙들에 토대를 둔다.

가. 계획수립

조율된 계획수립, 공통 기준[common standards]에 대한 교육훈련 및 포괄적인 연습은 사고수습 과정에서 자원의 상호운용성과 양립성을 위한 토대가 된다. 각각의 정부들은 자원 확인, 주문, 관리 및 활용을 위한 계획을 수립하기 위하여 사고 발생 이전에 협업하여야 한다. 계획수립 프로세스에는 정부에 대한 위협과 정부의 취약성에 근거하여 자원의 필요성 확인과 필요한 자원을 얻기 위한 대체전략 수립이 포함되어야 한다.

계획수립에는 예상되는 자원 요구에 대응해 예상되는 사고 지점 가까이 자원들을 위치시키는 것을 권장하기 위한 새로운 정책 개발이 포함될 수 있다. 계획은 재고자산이 예정된 최소량에 이를 때 보급품의 재고보충과 같은 특정한 반응을 유발시킬 수 있는 조건이나 상황을 예측하여야 한다. 조직과 정부는 언제든지 사용 가능한 자원들의

정확한 목록을 유지할 수 있도록 그들의 자원 상태를 지속적으로 평가하여야 한다. 아울러, 비상관리/대응기관은 국가대응기본구조NRF에 익숙해야 하고 연방 자원과의 통합 및/또는 협력을 준비하여야 한다.

나. 협정의 활용

자원을 제공하거나 요청하는 모든 당사자들 간의 협정은 사고수습 작전 시 효과적이고 효율적인 자원관리를 보장하는데 있어 필수적이다. 여기에는 사고 발생시 필요할 수 있는 서비스와 보급품을 위한 상시 협정과 계약을 체결하고 유지하는 것이 포함된다.

다. 자원을 범주화categorizing resources

자원은 크기, 용량, 역량, 기술 및 기타 특징을 포함하는 범주, 종류 및 유형에 따라 편성된다. 이것은 정부의 관할 내외에서 그리고 각급 정부, NGO 및 민간부문 간에 보다 효율적인 자원 주문과 파견 프로세스를 만들고 필요한 자원을 받을 수 있음을 보장한다.

라. 자원의 확인 및 주문

자원관리 과정은 사고관리 활동을 지원하기 위해 필요한 자원을 확인, 주문, 동원 및 추적하기 위한 표준화된 방법을 사용한다. 자원관리책임자는 사고지휘관[IC]의 요청이 있거나 기획 요구사항[planning requirements]에 따라 그들의 업무를 수행한다. 자원의 확인과 주문은 서로 결부돼 있다. 사고지휘관[IC]이 업무수행에 필요한 자원을 결정하고 직접 주문 자원을 구체적으로 명시하는 경우에 확인 및 주문 과정이 단축된다. 그러나 더 크고 복잡한 사고인 경우, 사고지휘관[IC]이 가용 자원을 완전히 인식하지 못할 수도 있다. 이 시점에서 사고지휘관[IC]은 사고수습 목표에 근거한 요구[needs]를 확인하고 이러한 요구를 충족시키기 위해 자원관리 과정을 활용할 수 있다.

마. 효과적인 자원관리

자원관리에는 자원을 주문, 동원, 파견 및 동원해제하기 위한 획득 절차, 관리정보 및 예비 시스템과 규약이 수반된다.

1) 획득절차

획득절차는 운영상의 요구사항[operational requirements]을 지원하기 위한 자원을 얻는데 사용된다. 예를 들어, 업무[tasking]를 주고, 계약을 체결하고, 기존의 비축물자에서 가져오고, 소규모의 구매를 하는 임무[mission]가 포함된다. 재고관리의 핵심은 사고발생 이전에 특정 품목을 비축할 필요가 있는지를 결정하는 것이다. 물자는 미리 획득하여 비축[stockpiled]하거나 사고발생 이전에 적절한 계약을 통해 “적시에[Just in Time]” 입수할 수도 있다. 자원관리책임자는 요구의 시급성, 필요한 품목의 충분한 수량을 구할 수 있는지, 그리고 필요한 품목들이 수요[demand]를 충족시킬 수 있을 만큼 신속하게 생산될 수 있는지를 고려해서 이러한 결정을 내린다.

> **비축[Stockpiling] 대 적시[Just in Time]**
>
> 자원은 미리 획득되어 창고에 저장(예, 비축물자)되거나, 보통 사고 발생 전 계약을 통해 "적시에" 공급될 수 있다. 계획수립 및 회계 절차는 자원공급의 두 가지 유형을 모두 수용해야 한다.

이 프로세스의 또 다른 중요한 부분은 보존기간이나 특별한 유지보수의 필요성이 있는 재고자산을 관리하는 것이다. 비축에 전적으로 의존하는 것은 보존기간과 내구성에 관한 문제를 야기하나, 자원의 “적시 공급방식”에 전적으로 의존하는 것은 적시 배달과 관련한 그 자체의 우려를 드러낸다. 적시 공급에 의존하게 될 자산들은 다수의 정부나 민간부문의 조직이 대응활동 중에 부족을 초래할 수 있는 동일한 대응 자산에 전적으로 의존하지 않는다는 것을 보장할 수 있도록 정확히 확인될 필요가 있다. 자원관리책임자는 주기적인 보충, 예방점검 및 설비 개량을 위해 충분한 자금을 예산에 편성하여야 한다. 획득절차의 핵심적인 부분은 기증받은 자원의 취급과 배분에 관한 방법과 규약을 개발하는 것이다.

2) 관리정보시스템

이러한 시스템은 데이터를 수집·현행화 및 처리하고, 자원을 추적함으로써 관리자들managers에게 의사결정 지원 정보를 제공하는데 이용된다. 이러한 시스템은 다른 정부, 비상관리/대응기관과 부속조직이 사고의 다른 양상들을 관리하고 각자의 활동을 조율해야 하는 빠르게 바뀌는 환경에서 자원상태 정보의 흐름을 향상시키고 실시간 데이터를 제공한다. 관리정보시스템의 예로는 자원 추적, 운송 추적, 재고관리, 보고 및 지리정보시스템 등이 있다. 자원관리를 위한 시스템의 선택과 사용은 정부 내의 정보 수요에 근거를 둬야 한다.

3) 예비정보시스템

자원관리책임자는 주요 자원관리정보시스템이 파괴되거나 사용할 수 없을 경우에 자원을 관리하기 위한 백업 시스템을 확인하고 가동할 수 있어야 한다. 관리정보시스템은 또한 다양한 예비 전력공급 및 통신 역량을 충분히 보유해야 한다. 가능하다면 백업 저장장치가 한곳에 위치해서는 안 되고, 정보는 사고 발생시 최소 24시간 단위로 백업이 이뤄져야 한다.

4) 주문, 동원 및 동원해제 규약

자원을 요청하고, 요청에 우선순위를 두고, 자원을 가동하여 사고수습에 동원하고, 자원을 정상의 상태로 복귀시킬 때에는 규약에 따라야 한다. 대비 조직들은 각자의 정부 내에서 사용할 표준 규약standard protocols을 수립하여야 한다. 자원관리 규약에는 동원 자원의 위치와 상태를 확인하는 추적시스템, 동원해제 및 해당 자원의 복귀 절차 등이 포함될 수 있다. 동원되었거나 배치된 자원의 위치와 상태를 확인하는 추적시스템, 그리고 자원을 동원해제하고 원래의 위치와 상태로 복귀시키기 위한 절차 등을 예로 들 수 있다.

제2장 자원을 관리하기

자원관리 주요 업무수행에 있어 개념과 원칙을 이행하기 위해 NIMS는 7 단계의 자원관리 프로세스에 표준화된 절차, 방법론 및 기능을 포함한다. 이 프로세스는 학문분야의 내부와 학문분야에 걸쳐 직능적 고려사항, 지리적 요소 및 유효성이 검증된 관행들을 반영하고 새로운 교훈에 따라 지속적으로 조정된다.

자원 유지는 자원관리의 모든 면에 두루 중요하다. 자원 배치 이전의 유지는 이용가능성과 역량을 보장한다. 배치 단계의 유지는 사용하는 동안 충분한 연료 공급과 같은 지속적인 역량을 보장한다. 작전 후 점검과 유지는 미래의 이용가능성을 보장한다.

이 부문에 제시된 자원관리의 토대는 국가통합센터NIC에 의해 주도되는 관할경계를 넘는, 교차학문적인 협력 활동으로 시간이 가면서 확대되고 정교해질 것이다.

자원관리 프로세스는 두 부분, 즉 대비의 요소로서의 자원관리와 사고 발생시의 자원관리로 구분된다. 대비 활동(자원의 유형화, 신임 및 재고관리)은 자원이 사고수습에 호출될 때 동원 태세를 갖추고 있음을 보장하는데 도움이 되도록 지속적으로 이루어져야 한다. 사고 발생 시의 자원관리는 그림 1에서와 같이 특정 사고의 수습 요구[needs]에 맞는 분명한 시작과 끝을 둔 한정된 프로세스이다.

그림 1 – 사고 발생 시의 자원관리

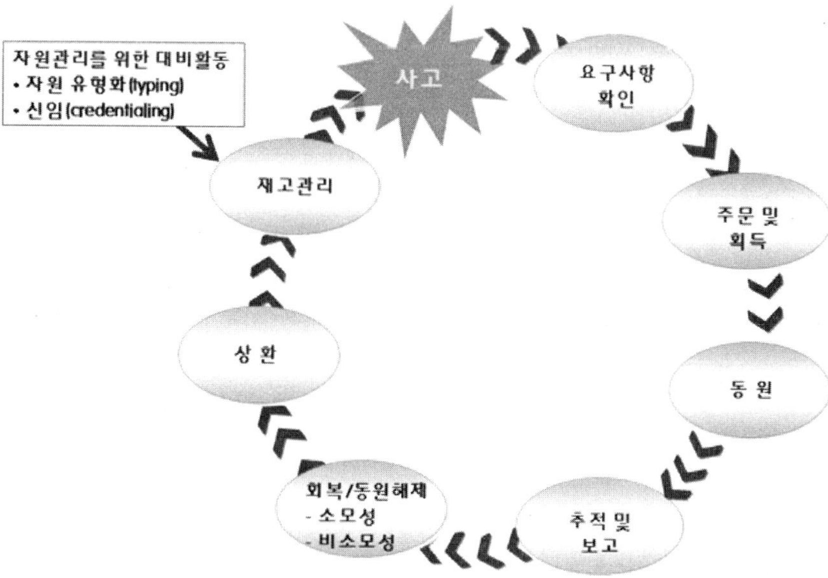

1. 요구사항[requirements] 확인하기

사고가 발생하면 자원관리책임자는 자원 요구사항[resource requirements]을 계속해서 확인하고 구체화하고 타당성을 검토하여야 한다. 이 프로세스는 무엇이 얼마나 필요한지, 언제 어디서 그것이 필요한지, 그리고 누가 그것을 접수하거나 사용할지를 정확히 확인하는 것이다. 이러한 방식으로 확인되어야 할 자원에는 장비, 물품, 시설 및 인력이나 비상대응팀[emergency response teams]이 포함된다. 만일 요청자[requestor]가 자원 유형이나 분류에 따른 품목을 기술할 수 없다면, 자원관리책임자는 그 요구사항[requirements]이 명세서에 맞게 표기되거나 작성될 수 있도록 기술적 자문을 제공하여야 한다. 핵심기반과 주요자원[CI/KR]을 보호하기 위한 특정 자원은 해당 부문[sectors]의 상호응원협정이나 지원협정을 통해 확인되고 조율될 필요가 있으며 대비 조직 및/또는 다수기관조정시스템[MACS]을 통해 사용이 가능해야 한다.

자원의 이용가능성과 요구사항은 사고가 진전되면서 거듭 변화될 것이다. 결과적으로, 작전에 참여하는 모든 비상관리/대응기관과 부속조직은 이 프로세스 전체에 걸쳐 긴밀히 협력하여야 한다. 협력은 가급적 사고대응 활동에 대한 필요성이 생기기 이전에, 가능한 한 일찍 개시되어야 한다.

예를 들어, 사고가 재앙(예, 대규모 허리케인이나 홍수)으로 이어질 것으로 예상될 경우, 주 및/또는 연방 정부는 예상되는 사고 지역에 자원을 배치할 수 있다. 자원 요구사항을 평가할 시간과 재앙적 사고에 대한 계획이 있다면, 연방의 대응은 주, 부족 및 지방 정부와 조율될 것이고 연방 자원의 배치는 특정한 상황에 대처하기 위해 맞추어질 것이다. 그림 2는 자원 요청[requests] 및 지원[assistance]의 흐름을 나타낸다.

그림 2 - 대규모 사고 발생시 자원 요청 및 지원의 흐름도

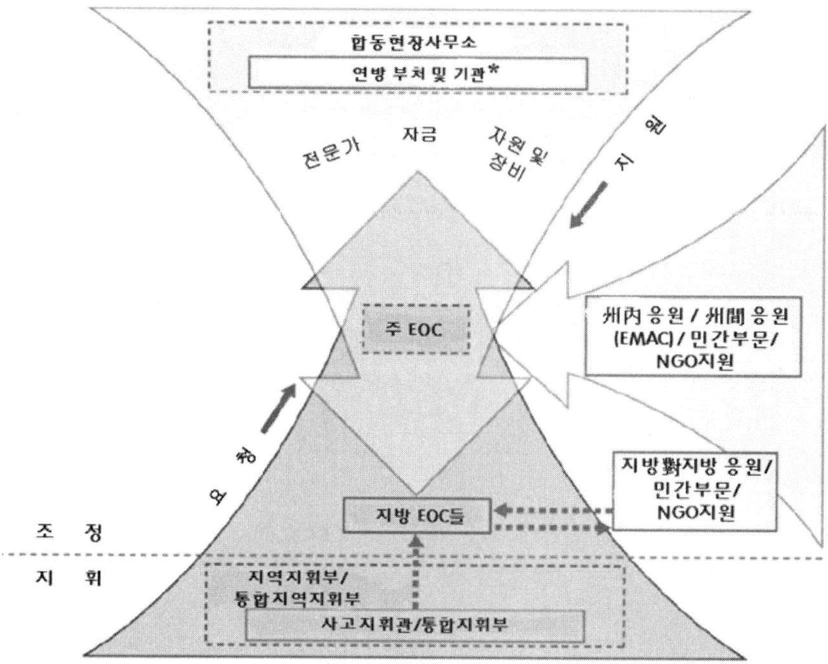

* 일부 연방기관(美해안경비대, 美환경보호처 등)은 법적인 대응책임[statutory responsibility for response]이 있으며, 사고영향을 입은 정부들의 대응을 조율하거나 이들과 대응에 직접 참여할 수 있다.

2. 주문 및 획득하기

> 우회 시스템Bypassing Systems을 피할 것
>
> 공직자를 포함한 자원관리 임무를 가진 모든 사람은 사고수습을 지원하는 다수기관조정시스템의 공식 자원조정 프로세스를 우회해서 자원을 요청하는 데에 내재하는 제한사항을 알아야 한다. 이러한 요청은 정돈된 자원관리시스템의 여건에서는 처리되지 않으며, 보통 비효율적인 사용 및/또는 자원회계accounting of resources의 결여를 초래한다.

지방에서 구할 수 없는 자원에 대한 요청서requests는 표준화된 자원주문절차를 통해 제출된다. 이러한 요청서는 일반적으로 인접한 지방이나 주의 지역관할기관에 우선 전달된 후 주정부로 전달된다.

자원 주문을 내고 주문에 응하는 결정 주기decision cycles는 자원관리 임무를 맡은 현장/사고수습 인력과 다수기관조정시스템MACS과 같은 자원조정 프로세스가 서로 다르다. 사고지휘관IC은 현재와 다음 작전기간을 고려한 우선순위를 토대로 자원 요청서를 만들 것이다. 자원배분에 관한 결정은 조직이나 기관의 규약과 기타 사고의 자원 수요demands에 근거를 둔다. 요청된 자원은 오직 자원 제공을 요청 받은 정부의 동의가 있을 때 동원이 이루어질 것이다. 요청된 자원과 전달이 가능한 자원 간의 차이discrepancies는 반드시 요청자에게 통지되어야 한다.

3. 동원하기

비상관리/대응 인력은 정해진 경로를 통하여 통보 받은 때 동원을 개시한다. 통지된 때에 이들은 출발 일자·시간 및 장소, 사고 현장까지의 교통수단, 도착예정 일자와 시간, 보고 장소(주소, 연락담당자 및 전화번호), 예정된 사고수습 과업, 예정된 파견근무 기간, 자원 주문번호, 사고 번호, 적용되는 비용 및 지급 규정을 받게 된다. 자원 추적 및 동원 프로세스는 직접 연결돼 있다. 자원이 현장에 도착하면 정식으로 등록을 해야 한다. 이때 현장의 등록 프로세스가 시작되고 주문사항을 확인한다. 자원 도착 통보는 적절한 경로를 통해 이루어진다.

동원 프로세스에는 우선순위와 예산에 따른 기존의 기관간 동원 지침guidelines, 장비지급, 교육훈련, 보급지원에 적합한 시설을 둔 집합장소 지정, 사고현장에 가장 신속히 자원을 전달할 교통수단 확보에 근거한 배치계획 등이 포함될 수 있다. 동원 계획은 또한 일부 자원이 실험실, 병원, 비상운영본부EOC, 대피소 및 폐기물관리시스템과 같은 고정 시설임을 구분하여야 한다. 이러한 시설은 다른 자원이 동원될 때와 같이 사고 지역으로의 이동 없이 작전을 지원한다. 자원 동원 상태를 점검하는 계획과 시스템은 두 가지의 동원 유형에 적응할 만큼 융통성을 갖춰야 한다.

관리자managers는 자원동원 프로세스를 개시함과 동시에 동원해제 프로세스를 계획하고 준비해야 한다. 동원해제에 대한 이른 기획은 자원에 대한 책임성accountability을 제고하고 전달 비용과 시간 측면에서 자원 운송을 가능한 한 효율적이게 한다.

4. 추적 및 보고하기

자원 추적은 필요에 따라 모든 비상관리/대응기관과 부속조직이 사고 발생 이전, 발생 시 및 발생 이후에 수행할 표준화된, 통합된 프로세스이다. 이 프로세스는 자원이 위치한 곳의 전반적인 상황을 제공하고, 관계자들의 자원접수 준비를 돕고, 장비·물품 및 인력의 안전과 보안을 강화하고, 자원의 조정과 이동을 가능하게 한다. 자원관리책임자는 정해진 절차를 사용하여 동원부터 동원 해제에 이르기까지 자원을 지속적으로 추적할 수 있다. 관리자managers는 이견조정reconciliation, 회계accounting, 감사auditing 및 재고관리inventorying를 포함하여 자원의 획득과 관리를 위한 모든 절차를 준수해야 한다.

5. 회복 및 동원해제하기

회복recovery은 사고 현장과 고정 시설에 위치한 자원을 포함한 모든 자원의 최종 배치와 관계된다. 이 프로세스에서 자원은 원상복구, 보충, 폐기 및/또는 강등retrograded 된다.

동원해제는 사고수습 자원을 원래의 위치와 상태로 질서 있고, 안전하고, 효율적으로 복귀시키는 것이다. 동원해제는 사고수습의 어느 시점에서나 개시할 수 있으나 책임성을 제고하기 위해 되도록 빨리

시작해야 한다. 동원해제 프로세스는 필요하다면 자원을 재배치하기 위해, 그리고 동원해제가 이루어지는 동안 핵심자원에 대한 요구needs에 우선순위를 두기 위해 사고 현장과 다수기관조정시스템MACS 사이에서 조정이 이루어져야 한다.

기획단Planning Section의 복귀계Demobilization Unit는 사고조치계획IAP의 일부로서 특정 동원해제 지시사항을 포함한 동원해제 계획을 수립한다. 동원해제 기획과 프로세스에는 자원의 원래 위치와 상태로의 안전한 반환과 반환 통지를 처리할 준비사항이 포함되어야 한다. 또한 동원해제에는 자원을 추적하고 적절한 상환을 다룰 프로세스가 포함되어야 한다. 게다가 상환을 위해 필요하다면, 자원의 운송에 관한 서류도 수집·유지되어야 한다. 동원해제 준비는 특정 조직의 요구사항requirements에 맞출 필요가 있다.

가. 비소모성nonexpendable 자원

인력, 소방펌프차 및 내구성이 있는 장비와 같은 비소모성 자원은 사고수습 기간에, 그리고 제공기관으로 반환될 때에 완전하게 확인되어야 한다. 그런 다음에 조직이 자원의 기능적 역량functional capability을 완전히 회복시켜 다음 동원을 준비하는 것이 매우 중요하다. 손상되었거나 망실된 품목은 기존 협정에서 정한대로, 또는 그 사고 수습에 대한 청구 임무invoicing responsibility를 갖는 조직에 의한 적절한 보충resupply 프로세스를 통해 대체되어야replaced 한다. 고정된 시설자원fixed-facility resources 또한 다음 동원을 위해 준비되어 있음을 보장할 수 있도록 완전한 기능적 역량으로 회복시키는 것이 중요하다. 사고관리팀[IMT]과 같은 인적 자원의 경우에 충분한 휴식, 회복 시간 및 시설이 주어져야 한다. 비상관리/대응 인력에 대한 사고의 (급성적·만성적) 영향 조사를 포함하여 중요한 직업상 건강 및 정신건강 문제 또한 다뤄져야 한다.

나. 소모성[expendable] 자원

식수, 식품, 연료 및 기타 일회용 물품과 같은 소모성 자원은 완전히 확인되어야 한다. 사고관리 조직은 대비 조직이 체결한 재정 협정에 규정된 바와 같이 소모성 자원의 비용을 부담하여야 한다. 재고 보충은 자원을 내보낸 장소에서 이루어진다. 원상회복이 안 되는 상태로 회수된 자원은 소모성이든 비소모성이든 통제하는 정부, 기관 또는 조직의 정해둔 규정과 정책에 따라 잉여자원[excess]으로 분류되어야 한다. 특별한 취급과 처분이 필요한 자원(예, 생물학적 폐기물과 오염된 물품, 건물 잔해, 장비)과 같이 자원회수 프로세스에서 각별한 주의를 요하는 폐기물 관리는 정해둔 규정과 정책에 따라 처리된다.

6. 상환하기

상환은 사고별 수습활동[incident-specific activities]에 지출한 자금을 회수하기 위한 메커니즘을 제공한다. 상환을 위한 프로세스는 자원의 대비태세를 확립하고 유지하는데 있어 매우 중요한 역할을 하며 자원 제공자가 적시에 상환 받도록 이루어져야 한다. 이 프로세스에는 청구서 수집, 업무범위에 대비한 비용의 적정성 검증validating, 적절한 당국의 개입 보장 및 상환 프로그램에 액세스하기 위한 메커니즘이 포함되어야 한다. 비용상환 메커니즘은 대비계획, 상호응원협정 및 지원협정에 포함되어야 한다. 제공된 일부의 자원은 사고 발생 이전에 수립된 협정을 근거로 상환이 이루어질 수도 있고 이루어지지 않을 수도 있다

7. 재고관리하기

자원관리에는 정부가 제공할 자산의 이용가능성을 평가하기 위해 다양한 자원재고관리시스템이 이용된다. 대비 조직은 가용자원에 관한 현행 데이터를 목록화 하여 관리하여야 한다. 그런 다음 그 데이터는 통신/파견센터 및 다수기관조정시스템MACS 내의 비상운영본부EOC와 조직에서 사용될 수 있어야 한다. 재고목록시스템에서 확인된 자원이 자동으로 사용가능성을 나타내는 것은 아니다. 정부 및/또는 자원의 소유자가 사용가능성에 대한 최종 결정권을 갖는다.

자원관리를 위한 재고관리시스템은 적응성과 확장성이 있어야 하고 인력 및/또는 장비의 이중 산정 가능성을 설명해야 한다. 특히 자원의 개요에는 다른 자원 풀pools에 걸쳐 있는 인력의 중복 산정을 명확히 나타내야 한다. 인력의 재고는 전체 자원이 과장되지 않도록 다양한 기술을 보유한 일개 자원으로 나타내야 한다. 예를 들어, 많은 수의 소

방관이 응급구조사[EMT] 증명서[credentials]를 갖고 있다. 그래서 자원의 개요에는 한 명의 소방관이 두 가지 모두가 아닌 한 명의 소방관이나 한 명의 응급구조사[EMT]로 계산되어야 한다. 전체 인원은 단순히 소방관과 응급구조사[EMT] 수의 합계가 아니라 가용 인력의 수를 나타내야 한다.

사고 대응이나 복구 단계[phases]에서 배치될 수 있는 자원은 주된 용도에 따라 다른 재고, 주문 및 대응 프로필을 갖는다. 자원의 사용, 재고관리 및 추적을 위한 계획수립 시 대응과 복구 단계의 자원 배치에 근본적 차이를 인식해야 한다. 복구 자원은 일반적으로 NGO 및/또는 민간부문과 계약을 통해 획득되나, 대응 단계에서는 상호응원협정과 지원협정에 크게 의존한다.

가. 신임[credentialing]

신임 프로세스에는 국가적으로 인정된 기준[standards]에 부합하고, 특정 서비스 및/또는 기능을 제공하거나, 사고 발생시 특정 조건 하에서 특정 업무를 수행하기 위한 개인의 현재 자격증·면허 또는 학위, 교육훈련과 경력 그리고 능력이나 기량의 객관적인 평가와 기록이 수반된다.

NIMS에서 신임은 인력의 자격의 유효성을 확인하고[validating] 상호응원과 관련한 사고수습에 참여하여 특정한 기능을 이행하도록 권한을 부여하는 행정 프로세스[administrative process]이다.

그림 3은 NIMS 하에서 신임[credentialing]을 위해 국가통합센터[NIC]가 권

고한 프로세스를 나타낸 것이다.

그림 3 – 권고된 NIMS의 인력 신임credentialing 프로세스

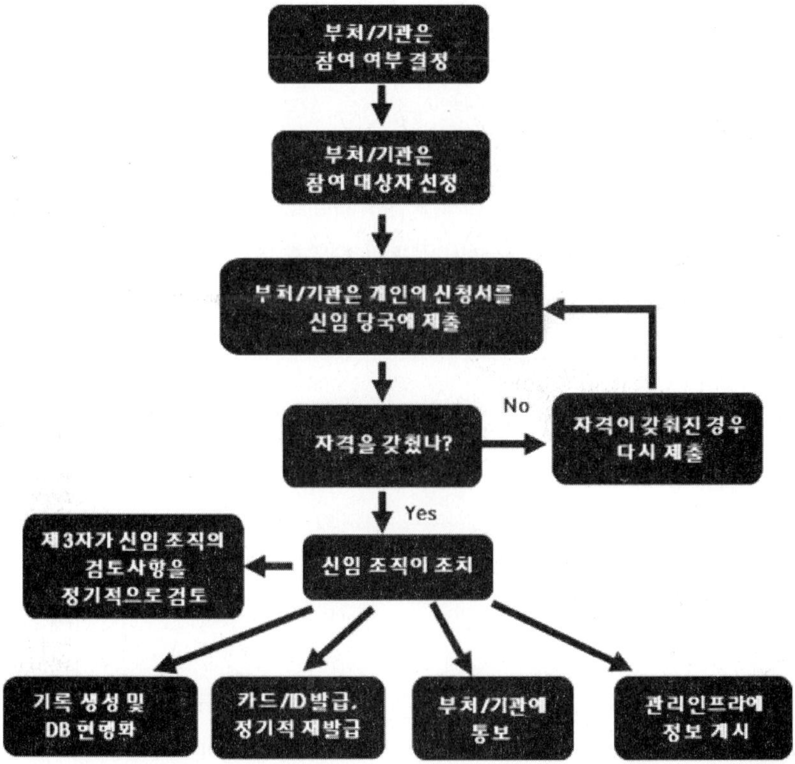

상호응원을 위한 요청서가 접수되면, 잠재적인 지원 부처나 기관은 임무 수행에 대해 타협함이 없이without compromising mission performance 배치 될 수 있는 자원의 예상손실을 자체 역량으로 수용할 수 있는지를 평가한다. (예, 소방관서가 자체 장비와 인력의 20%를 30일 간 다른 정부관할에 배치를 허용하면서 자기 관할의 지역사회의 요구needs를 충족시킬 수 있는가?)

잠재적인 지원 부처나 기관이 요청 받은 자원의 배치를 수용할 수 있다면, 그 다음엔 배치할 특정 인력을 확인하여야 한다. 그런 다음 그 부처나 기관은 배치를 위해 선택된 각각의 직원에 대한 신청서를 상호응원을 제공할 주州의 신임 당국[credentialing authority]에 의해 확인된 공인 신임기관[an authorized accrediting agency]에 제출한다.

그 신임기관은 각 신청서를 검토하고 신청인이 해당 임무에 필요한 직위에 대해 수립된 기준criteria에 부합하는 지를 결정한다. 공인 신임기관이 해당 기준criteria에 부합하지 않는다고 결정한 신청서는 제출한 부처나 기관으로 반송되고, 추가 서류로 보완되거나 신청인의 자격이 변경될 때 다시 제출될 수 있다. 공인 신임기관의 승인을 받은 신청서에 대하여 다음 절차를 거친다.

- 신청인의 부처나 기관에 통지한다.
- 공식 신임 데이터베이스에 개인별 기록을 생성한다.
- 신분증[identification card]이나 기타 증명서[credential]를 개인에게 발급한다. (신분증이나 기타 증명서에는 만기일자가 포함되어야 하고 필요에 따라 재발급 되어야 한다)
- 신청인의 정보를 사고관리 인프라에 등록한다.

신임[credentialing]은 신분증이나 증명서 발급을 포함하나, 사고수습 장소에서의 배지 부여[incidnet badging] 프로세스와는 별개로 분리되어 있다. 일정한 장소로의 접근을 통제하는 경우에 특별한 배지 부여 프로세스를 거쳐야 하고, 이 프로세스는 신원·자격증 및 배치 허가증의 확인에 근거를 두어야 한다.

자원봉사자, 특히 자발적인 자원봉사자를 활용하는 조직은 대응활동에 참여하는 각각의 자원봉사 인력의 적격성을 확인해야 할 책임이 있다. 이러한 조직들, 즉 긴급대응을 조정할 책임이 있는 정부기관, 자원봉사자 관리기관들(예, 적십자사[Red Cross], 자원봉사 보건전문인력의 사전 등록을 위한 비상시스템[Emergency System for Advance Registration of Volunteer Health Professionals], 의료예비군[Medical Reserve Corps] 등) 및 기타 자원봉사자 활용 가능 기관들(병원, 소방 및 경찰관서 등)은 반드시 자원봉사자 활용에 관한 규약을 제정해야 한다. 이들의 봉사활동이 안전 및 보안 문제나 법률·규정상의 문제로 인해 방해 받지 않도록 세심한 조율이 필요하다.

나. 자원을 확인 및 유형화하기

자원 유형화[resource typing]는 사고 수습에 요청, 배치 및 사용될 자원을 역량에 따라 범주화[categorizing]하는 것이다. 자원의 역량과 성능 수준을 확인하는 측정 가능한 기준이 범주의 토대가 된다. 모든 계층에 있는 자원의 사용자들은 이러한 기준을 이용해서 자원을 확인하고 재고를 관리한다. 자원의 종류[kinds]는 특정한 요구를 충족시키기 위해 필요한 역량을 보다 정밀하게 정의하기 위하여 하위 범주[subcategories]로 나뉜다. 자원 유형화는 필요한 자원을 획득하는데 있어 빈번한 사용과 정확성을 촉진시키기 위해 가능한 한 단순하게 설계된 계속되는 프로세스이다. 자원을 전국적으로 배치하고 사용할 수 있도록 국가통합센터[NIC]는 (연방, 주, 부족, 지방, 민간부문, NGO 및 전국의 전문단체의 의견을 받아) 자원 유형화를 위한 국가 기준[standards]을 개발·고시하고 이러한 유형화된 자원이 실제 역량을 반영한 것임을 보장한다.

1) 범주[category]

이것은 자원이 가장 유용하게 쓰일 수 있도록 하는 기능이다. 표 2는 국가의 자원 유형화 규약[a national resource-typing protocol]에 사용된 범주의 사례를 나타낸 것이다.

표 2 - 국가 자원 유형화를 위한 범주 사례

수송	보건의료
통신	수색구조
토목공사 및 공학	유독물질 대응
소방	식품과 물
정보와 기획	에너지
경찰과 보안	공보
대규모 구호	동물 및 농업 문제
자원관리	자원봉사자와 기부

2) 종류[kind]

종류는 팀, 인력, 장비, 물품, 차량 및 항공기와 같이 자원의 특성을 나타내는 넓은 분류단위이다.

가) 구성요소^components

구성요소는 하나의 자원을 이루는 요소들이다. 예를 들어 소방펌프차는 아래 표 3에 나타난 8가지의 구성요소를 갖는 것으로 목록에 기입될 수 있다.

표 3 – 다수의 구성요소로 이뤄진 자원의 사례
(소방펌프차^Firefighting Engine Company)

(1) 펌프	(5) 물 탱크
(2) 호스 2 1/2″	(6) 시디리
(3) 호스 1 3/4″	(7) 대량방수^master stream
(4) 손 도구	(8) 인력

다른 예로써, 도심수색구조팀^urban search and rescue teams은 31명으로 구성된 2개의 팀, 4마리의 구조견, 포괄적인 장비 캐시^cache 등으로 이루어진다. 이 장비 캐시^cache는 5가지의 색상 부호^color-coded로 구분되어 특정 요건^requirement을 갖춘 컨테이너에 보관된다.

나) 측정단위^measures

측정단위는 역량 및/또는 용량^capacity을 확인하는 기준^standards이다. 구체적인 측정단위는 유형화되는 자원의 종류와 예정된 임무에 따라 결정될 것이다. 측정단위는 임무를 지원하기 위한 자원의 역량을 기술하는데 유용해야 한다. 예를 들어, 재난의료지원팀disaster medical assistance team을 위한 한 가지 측정단위는 하루에 돌볼 수 있는 환자의 수이다. 호스에 대한 적절한 측정단위는 이것을 통해 시간당 흐를 수 있는 물의 갤런 수가 될 수 있다.

다) 유형type

유형은 자원 역량의 수준level을 나타낸다. 유형 1 표시를 부여하면, 그것은 동일한 자원의 유형 2 보다 큰 수준의 역량(예, 힘, 크기 또는 용량에 따른)을 갖는다는 것을 나타낸다. 유형화는 관리자들(managers)이 자원을 선택하고 가장 잘 사용하는데 도움이 되는 추가 정보를 제공한다. 경우에 따라서 자원은 4가지 유형보다 많거나 적은 수의 유형을 가질 수 있으며, 이런 경우에는 추가 유형이 확인되거나, “N/A(적용될 수 없음)”로 기재될 수도 있다. 자원이나 구성요소에 부여된 유형은 그 자원에 대한 식별된 측정단위에 기재된 역량의 최소 수준minimum level에 근거를 둔다. 예를 들어, 美해안경비대U.S. Coast Guard는 아래 표 4에서와 같이 일일 배럴에 근거하여 유회수기Oil Skimmer를 유형화 한다.

표 4 – 다수의 유형을 갖는 자원의 사례

(美해안경비대 유회수기)

유형 1 9,600 bbls/day	유형 3 480 bbls/day
유형 2 2,880 bbls/day	유형 4 N/A

라) 추가 정보

국가의 자원 유형화 규약은 또한 자원에 대한 의사결정과 관련된 추가 정보를 활용하게 하는 수단이 될 것이다. 예를 들어, 특정한 일련의 자원들이 오직 특정 법률 하에서만 사고수습 지원에 동원될 수 있다면, 해당 규약은 관계 당사자들이 그와 같은 제한사항[limitations]에 유의[alert]하도록 한다.

부문IV 지휘관리[command & management]

앞에서 논의된 NIMS의 각 부문(대비, 통신정보관리, 자원관리)은 사고 대응 기간에 명확한 대응권한, 자원획득 및 효과적인 관리를 위한 기본구조[framework]를 제공한다. 사고지휘시스템[ICS], 다수기관조정시스템[MACS] 및 공보는 사고관리의 기본요소[fundamental elements]로서 일관성 있는 용어와 확립된 조직 구조를 통해서 표준화를 이룬다. 비상관리와 사고대응은 효과적이고 효율적인 작전, 조정 및 지원을 제공하는 폭넓은 활동과 조직을 의미한다. 사고관리에는 구체적으로 특정 사고수습 작전 지휘, 자원 획득·조정 및 현장 전달, 그리고 일반인들과 사고에 관한 정보 공유 등이 수반된다. 종합하면, 지휘관리의 이 세 가지 요소는 주로 급박감[a sense of urgency]과 함께 집행되는, 사고관리의 가장 두드러진 측면들이다. 이 부문은 사고 지휘관리 작전을 촉진하기 위해 사용되는 시스템들을 서술한다.

제1장 사고지휘시스템

대부분의 사고는 지방에서 관리되며 1개의 정부 내 지방의 통신/파견센터와 비상관리/대응기관에 의해 처리되는 것이 일반적이다. 대다수의 대응은 이 정도에서 끝난다. 그렇지 않은 경우는, 1개 정부 내에서 1개의 대응으로 시작한 사고가 상당한 추가 자원과 작전 지원을 필요로 하는 다학제적[多學際的]인, 다수정부[多數政府]의 수준으로까지 빠르게 확대된다. 추가 자원이 요구되거나 추가 자원이 1개의 정부 내외의 다른 조직에서 제공되는 사고이든, 전국에 영향을 미치는 복합사고(예, 신종 감염성 질병이나 생물 테러공격)이든, 사고지휘시스템[ICS]은 조율되고 협조적인 사고관리를 위한 유연한 핵심 메커니즘을 제공한다. 1개의 사고라도 광범위한 지역에 영향을 미치는 경우에는 다수의 지방의 비상관리 및 사고대응 기관이 필요하게 된다. 대응 "기관"은 비록 일부의 상황에서 NGO와 민간부문이 포함될 수도 있으나, 정부기관으로 정의된다. 이런 상황에서는 프로세스와 시스템을 효율적으로 사용하여 관할범위를 넘는 조정이 절대적으로 필요하다.

사고지휘시스템[ICS]은 공통 조직구조 안에 시설, 장비, 인력, 절차, 통신운용을 통합하여 사고를 효과적이고 효율적으로 관리할 수 있도록 설계되어 널리 적용될 수 있는 관리시스템이다. 사고지휘시스템[ICS]은 사고관리자[incident managers]가 지휘시스템의 어느 한 부문에 대한 주의에도 소홀함이 없이 (종종 긴급한 상황에서) 사고관련 주요 관심사항을 파악할 수 있게 할 목적으로 표준 형식[a standard format]으로 설정된 관리의 기본형식[a fundamental form of management]이다.

사고지휘시스템[ICS]은 자연적이든 인적이든 작은 사고에서 복잡한 사고에 이르는 긴급상황에서 현장 작전[on-scene operations]을 조직하는데 사용된다. 현장 대응은 적절한 당국의 지휘 하에서 비상관리/대응인력이 사고나 위협에 직접 대응하는 전술 결정과 활동을 수행하는 것이다. 연방, 주, 부족 또는 지방으로부터의 자원이 적절히 배치된 때에는 지방의 당국이 정한 현장 사고지휘시스템[ICS]의 부분이 된다.

일개 시스템으로서 사고지휘시스템^{ICS}은 사고관리를 위한 조직 체계^{structure}를 제공할 뿐만 아니라 그 구조를 기획, 편성 및 변형하는 프로세스를 안내^{guide}하므로 아주 유용하다. 모든 사고나 예정된 이벤트에 사고지휘시스템^{ICS}을 사용하는 것은 대규모의 사고 대응에 필요한 기술^{skills}을 익히고 유지하는 데 도움이 된다.

사고지휘시스템^{ICS}은 연방, 주, 부족 및 지방 등 모든 계층^{levels}의 정부는 물론 많은 수의 NGO와 민간부문에서도 사용되고 있다. 사고지휘시스템^{ICS}은 또한 여러 학문분야에 걸쳐 적용될 수 있다. 사고지휘시스템^{ICS}은 주로 지휘^{command}, 작전^{operations}, 기획^{planning}, 보급지원^{logistics}, 재무/행정$^{\text{finance/administration}}$ 등 5가지 주요 기능 분야의 활동을 촉진하기 위해 조직화된다^{structured}. 첩보/수사$^{\text{intelligence/investigations}}$는 선택적인 6번째 기능 분야로서 상황에 따라 가동된다.

생물, 화학, 방사능 및 핵 테러행위는 전통적인 사고지휘시스템$^{\text{(ICS)}}$ 구조^{structure}에 독특한 난제^{challenges}가 될 수 있다. 한 장소에 국한되지 않는, 지리적으로 분산되는, 또는 장기간에 걸쳐 확대되는 사고들은 연방, 주, 부족 및 지방 정부뿐만 아니라 NGO와 민간부문 등 모든 참여기관들 간의 특별한 협력을 요구할 것이다.

1. 관리의 특징

사고지휘시스템^{ICS}은 전체 시스템의 힘과 효율성에 기여하는 14가지의 입증된 특징에 기반한다.

가. 공통 용어common terminology

사고지휘시스템ICS은 가지각색의 사고관리 및 지원 조직이 매우 다양한 사고관리 기능과 위험 시나리오에 걸쳐서 협업할 수 있도록 공통 용어를 규정한다. 공통 용어는 다음과 같다.

1) 조직의 기능

사고관리 책임을 갖는 주요 기능과 기능의 단위units로 명명되고 정의된나. 조직의 요소를 위한 용어는 일반적이고standard 일관성이 있다consistent.

2) 자원 기술記述

사고관리 활동을 지원하는 주요자원(인력, 시설 및 주요 장비와 보급품)은 혼란을 피하고 상호운용성을 향상시키기 위해 공통 명칭이 부여되고 그 역량에 따라 "유형화typed" 된다.

3) 사고수습 시설

공통 용어가 사고 지역 인근에 사고수습에 사용될 시설을 지정하는데 사용된다.

나. 모듈 조직modular organization

사고지휘시스템ICS 조직 구조는 사고의 규모와 복잡성은 물론 사고에 의해 야기된 위험 환경의 특성에 따라 모듈 방식으로 이루어진다. 필요한 경우에 별도의 기능 요소들을functional elements 둘 수 있고, 각 요소는 내부의 조직관리와 외부의 협력을 증진시키기 위해 더욱 세분화 될 수 있다. 사고지휘시스템ICS 모듈 조직의 설치와 확대는 결국 사고지휘관IC에게 달려있고, 사고지휘관IC이 상황에 따라 사고지휘시스템ICS 조직을 편성한다. 이 조직은 사고의 복잡성이 증가할수록 기능이 위임되면서 위에서 아래로 확대된다. 구조적 확대와 동시에 사고에 적절히 대처하기 위하여 관리 및 감독 직위의 개수도 늘어난다.

다. 목표에 의한 관리management by objectives

목표관리는 사고지휘시스템ICS 조직 전체에 걸쳐 이루어지고 다음 사항을 포함한다.

- 사고수습 목표 설정
- 사고수습 목표를 토대로 전략 수립
- 과업assignments, 계획, 절차 및 규약을 개발·고시issuing
- 다양한 사고관리 직무활동을 위한 특정한, 측정 가능한 전술이나 업무tasks 설정과 정해진 전략을 완수하기 위한 활동 지시
- 성과를 측정하고 시정조치corrective actions를 촉진하기 위해 결과를 문서화

라. 사고 조치계획 수립incident action planning

일원화된centralized, 조율된coordinated 사고 조치계획이 모든 대응 활동을 이끌어야 한다. 사고조치계획IAP은 작전 및 지원 활동에 있어서 사고수습의 전반적인 우선순위, 목표, 전략 및 전술을 포착하여 전달하는 간결한, 일관된 수단을 제공한다.

모든 사고수습에는 반드시 조치계획이 있어야 한다. 그러나 모든 사고에 문서화된 계획이 필요한 것은 아니다. 문서화된 계획과 첨부자료attachments의 필요성은 사고수습을 위한 요구사항과 사고지휘관IC이나 통합지휘부UC의 결정에 달려있다. 대부분의 초기대응 작전은 공식 사고조치계획IAP에 대한 부담을 갖지 않는다. 하지만, 사고수습이 하나의 작전기간one operational period을 넘어 연장될 가능성이 있거나, 보다 복잡해지거나, 다수 정부 및/또는 기관을 필요로 한다면, 문서로 된 사고조치계획IAP을 준비하는 것이 효과적인, 효율적인 그리고 안전한 작전 유지를 위해 점차 중요해질 것이다.

마. 관리 가능한 통솔범위manageable span of control

> 관리 가능한 통솔범위의 사례
>
> 사고관리시스템(ICS)에서 사고관리 감독임무를 갖는 어떤 개인의 통솔범위는 부하직원이 3명에서 7명이어야 하며 5명이 최적이다. 대규모 경찰작전 시 8명에서 10명의 부하직원이 최적일 수도 있다

통솔범위는 사고관리의 효과와 효율을 위해 중요하다. 감독자들은 그들의 감독 하에 있는 모든 자원과 소통해야 함은 물론 그들의 부하를 적절히 감독하고 통제할 수 있어야 한다. 사고의 유형, 업무[tasks]의 성격, 위험요인[hazards]과 안전요소[safety factors], 인력과 자원 사이의 거리 등 모든 것이 통솔범위의 고려에 영향을 미친다.

바. 사고수습 시설[incident facilities]과 장소[locations]

사고의 규모와 복잡성에 따른 다양한 목적 달성을 위해 사고현장 인근에 갖가지 유형의 작전 지원시설이 설치된다. 사고지휘관[IC]은 상황적 요구[requirements of the situation]에 따라 시설의 종류와 장소를 지시할 것이다. 지정된[designated] 시설에는 일반적으로 사고지휘소[ICP], 보급기지[Base], 캠프[Camp], 자원대기소[Staging Area], 대규모 사상자 분류지역[mass casualty triage areas], 구호품 배분장소[point-of-distribution sites] 및 필요 시 기타시설이 포함된다.

사. 포괄적 자원관리[comprehensive resource management]

정확하고 현행화된 자원이용 상황[picture]을 유지하는 것은 사고관리와 비상대응에 매우 중요하다. 이런 식으로 확인되어야 할 자원에는 배치나 배분이 가능하거나 잠재적으로 가능한 인력, 팀, 장비, 물품 및 시설 등이 포함된다. 자원관리는 부문Ⅲ에 상세히 서술되어 있다.

아. 통합 통신integrated communication

사고 통신은 공통 통신계획과 상호운용성 있는 통신 프로세스 및 아키텍처의 확립과 활용을 통해서 촉진된다. 사고지휘시스템ICS 서식 205는 공통 통신계획 수립에 도움이 된다. 이러한 통합적 접근방식은 관련된 다양한 기관들의 작전 및 지원 부서units를 연결하고, 통신의 연결성 유지와 공통의 상황인식 및 상호작용을 위해 필요하다. 대비 기획에는 통합적 음성·데이터 통신을 이루는데 필요한 장비, 시스템 및 규약이 포함되어야 한다.

자. 지휘권 확립Establishment of Command과 지휘권 이양Transfer of Command

지휘 기능은 반드시 사고수습 작전을 벌이는 시점부터 명확히 설정되어야 한다. 사고에 대해 최초의 관할권을 갖는 기관이 현장에서 지휘권 확립을 담당할 개인을 지명한다. 지휘권이 이양될 때는 안전하고 효과적인 작전을 지속시키기 위해 모든 필수 정보를 담은 브리핑이 있어야 한다.

차. 지휘계통Chain of Command과 보고 단일화Unity of Command

지휘계통은 사고관리 조직 구성원의 정돈된 명령계통을 의미한다. 보고 단일화는 모든 개인들이 사고 현장에서 보고할 한 명의 지정된 감독관을 두는 것을 말한다. 이러한 원칙들은 보고 관계를 분명히 하고 다수의 서로 상충되는 지시에 의해 야기될 혼란을 제거한다. 모든 계층에 있는 사고관리자는 반드시 자신의 감독 하에 있는 모든 인력의 행동을 지시할 수 있어야만 한다.

카. 통합지휘부UC

다수의 정부, 다수의 기관이 관여하는 1개 정부 또는 다수의 기관이 관여하는 다수의 정부가 개입하는 사고수습에 있어서, 통합지휘부UC는 서로 다른 법적, 지리적, 그리고 기능적 권한과 책임을 갖는 기관들이 각 기관의 권한, (윤리적) 책임responsibility 및 (법적) 책임성accountability 에 영향을 주지 않으면서 효과적으로 협업할 수 있도록 한다.

타. 책임성accountability

사고수습 작전 중에 각급 정부와 각 직능분야의 자원들의 효과적인 책임성은 필수적이다. 이를 위해서to that end 등록/등록해지, 사고조치계획IAP, 보고 단일화, 개인의 책임, 통솔범위 및 자원 추적은 반드시 지켜져야 할 책임성의 원칙들이다.

파. 파견/배치dispatch/deployment

자원은 정해진 자원관리시스템을 통해 적절한 당국에 의해 요청되거나 파견될 때에만 부응副應하여야 한다. 수신자에게 과중한 부담을 주고 책임성 문제가 가중되는 것을 피하기 위해 요청되지 않은 자원은 자진自進 배치를 삼가야 한다.

하. 정보information 및 첩보intelligence 관리

사고관리 조직은 반드시 사고 관련 정보와 첩보를 수집, 분석, 평가, 공유 및 관리하는 프로세스를 확립하여야 한다.

2. 사고지휘와 지휘참모

사고지휘관IC은 전반적인 사고관리를 관장管掌한다. 전반적인 관리에는 지휘 기능을 보좌하게 할 지휘참모 배정이 포함된다. 지휘 및 일반 참모는 일반적으로 사고지휘소ICP에 위치한다.

가. 사고지휘

지휘 기능은 2가지의 일반적인 방법 중 1가지로 수행될 수 있다.

1) 1인의 사고지휘관[IC]

사고가 1개의 정부관할 내에서 발생하고 관할이나 기능적으로 기관의 중첩이 없을 때, 적절한 관할 당국이 1인의 사고지휘관[IC]을 지명하여 전반적인 사고관리를 관장하도록 해야 한다. (사고관리가 관할 및/또는 기능적으로 기관의 경계를 넘는 경우에, 합의가 있다면 1인의 사고지휘관[IC]을 선임할 수 있다.) 정부는 정해둔 사고관리팀[IMT]을 위한 사고지휘관[IC] 지명을 고려해야 한다.

지명된 사고지휘관[IC]은 사고수습 목표를 정하고 이를 토대로 사고조치계획[IAP]을 준비할 것이다. 사고지휘관[IC]이 사고조치계획[IAP]과 사고수습 자원의 주문 및 발송 관련 모든 요청을 승인할 것이다.

2) 통합지휘부[UC]

통합지휘부[UC]는 다수의 정부나 다수기관[多數機關]의 사고관리에 중요한 요소이다. 통합지휘부[UC]는 서로 다른 법적인, 지리적인, 그리고 기능적인 책임이 있는 기관들이 효과적으로 협력하고 계획을 수립하고 상호작용할 수 있도록 지침[guidelines]을 제공한다. 팀 활동으로서 통합지휘부[UC]는 사고수습에 대해 관할권이나 기능적 책임이 있는 모든 기관들이 일련의 공통 목표, 전략 및 단일 사고조치계획[IAP]을 통해서 관리 방향을 공동으로 제시할 수 있게 한다. 각 참여기관은 각자의 권한, (윤리적) 책임 및 (법적) 책임성을 유지한다.

통합지휘부[UC]는 단일 통합관리 조직으로서 다음과 같은 기능을 수행한다.

- 사고지휘소[ICP]에 합동[co-located] 지휘부 구성
- 전술활동을 지시할 1인의 작전단장[Operations Section Chief] 선임
- 자원 주문에 필요한 프로세스 조율
- 가능한 경우 기획[planning], 보급지원[logistical] 및 재무/행정[finance/administration] 기능 공유
- 정보배포에 대한 승인 조율

통합지휘부(UC) 구조 내 모든 기관들은 다음의 프로세스에 참여한다.

- 목표 선택
- 전반적인 사고전략 결정
- 전술 활동을 위한 공동 기획[joint planning]이 승인된 사고수습 목표에 부합되게 이루어지고 있음을 보장
- 전술작전의 통합 보장
- 배치된 모든 자원 사용의 승인, 위임 및 최적의 활용

통합지휘부[UC]의 정확한 구성은 사고의 위치(즉, 지역 관할정부들이나 조직들이 관여하게 되는)와 유형(즉, 관할정부(들) 또는 조직(들)의 기능수행 기관들이 요구되는)에 달려있다. 미리 계획을 세운다면, 활동의 통일성과 효율성을 높일 수 있도록 다수의 정부들이 관여하게 될 몇 가지의 사고수습을 위해 1인의 사고지휘관[IC] 지명을 고려할 수 있다.

통합지휘부UC 사용의 장점

- 전반적인 사고수습을 위해 일련의 단일한 사고수습 목표가 수립될 수 있다.
- 집단 의사결정 방식으로 사고수습 목표를 이루기 위한 전략이 수립될 수 있다
- 사고수습에 관여하는 모든 정부 및 기관 간의 정보 흐름과 조율이 개선된다.
- 사고수습 책임을 갖는 모든 기관이 공동의 우선사항priorities과 제한사항restrictions에 대한 이해를 갖게 된다.
- 기관의 법적 권한이 손상을 받거나 등한시되지 않을 것이다.
- 모든 기관이 단일 사고조치계획 하에서 부여된 각자의 임무를 이행함으로써 모든 기관의 통합된 활동이 최대한 적합하게 활용될 수 있다.

통합지휘부UC에 참여하는 기관에서 선임된 관료들은 서로 다른 법적 권한과 기능분야를 대표하며 협력적인 프로세스를 통해 사고수습에 우선순위를 두고, 우선순위와 일치되게 적절한 목표를 결정한다. 사고수습에 관계하지만 관할 책임이나 권한이 없는 기관은 지원 및/또는 협력기관으로 불린다. 이 기관들은 지휘구조에서 대표가 되고 연락관을 통해 이들의 모母기관을 대신하여 조정에 영향을 준다. 많은 사고관리 관료들의 관할 책임jurisdictional responsibilities은 다음 사항을 포함하는 단일 계획수립 프로세스 내에서 통합된다.

- 사고관리에 대한 책임
- 사고수습 목표

• 자원의 이용가능성과 역량
• 역량의 한계[limitations]
• 기관의 관료들 간 의견 일치 및 불일치 분야

단일 사고지휘관[IC]과 통합지휘부[UC]의 비교

단일 사고지휘관[IC] :

IC는 (그의 권한의 범위 안에서) 사고수습 목표와 전략 수립을 담당한다. IC는 모든 기능 분야의 활동이 전략의 달성으로 향하고 있음을 보장한다.

통합지휘부[UC] :

각각의 관할정부 당국(또는 단일 정부 내의 부처)에 의해 선임된 개개인은 목표, 전략, 계획, 자원 배분 및 우선순위를 공동으로 결정하고, 통합된 사고수습 작전을 수행하기 위해 함께 일하고, 배치된 자원의 활용을 극대화 하여야 한다.

사고는 다음을 포함하는 단일 협력방식으로 관리된다.

• 공통 조직구조
• 단일 사고지휘소[ICP]
• 통합 계획수립 프로세스
• 통합 자원관리

통합지휘부[UC] 하에서 사고조치계획[IAP]은 기획단[Planning Section]이 취합하여 통합지휘부[UC]의 승인을 받는다. 1인의 작전단장[Operations Section Chief]은 사고조치계획[IAP]의 전술 이행을 지휘한다. 작전단장은 주로 관할적 개입jurisdictional involvement이 가장 큰 조직에서 올 것이다. 통합지휘부UC 참여자들은 작전단장Operations Section Chief의 지명에 동의할 것이다.

통합지휘부UC는 통합지휘부 참여자들이 사고지휘소ICP에 위치할 때 가장 잘 운영되며 다음의 관례를 따른다.

- 각 작전기간마다 작전단장Operations Section Chief을 선출한다.
- 서로에게 특별한 요구사항을 알린다.
- 통합된 사고수습 목표, 우선순위 및 전략을 정한다.
- 자원 주문을 위한 단일 시스템을 확립한다.
- 서면이나 구두의 방식의 통합 사고조치계획IAP 수립 후 주기적으로 평가하고 최신화한다.
- 공동의 의사결정과 기록을 위한 절차를 정한다.

나. 지휘참모Command Staff

사고 지휘조직의 지휘참모는 공보관, 안전관 및 연락관으로, 이들은 사고지휘관IC/통합지휘부UC에게(에) 직접 보고하고 필요한 경우 보조인력을 둘 수 있다(그림 4 참조). 사고의 성격, 범위, 복잡성, 위치 또는 사고지휘관IC/통합지휘부UC이(가) 제기한 특정 요구사항에requirements 따라 추가 직위가 필요할 수 있다.

1) 공보관PIO

공보관PIO은 대중, 언론 및/또는 사고관련 정보를 필요로 하는 기관과 사고지휘관IC/통합지휘부UC을(를) 매개하는 역할을 한다. 공보관PIO은 사고의 원인·규모 및 현재 상황, 동원된 자원, 그리고 기타 내·외부 고객의 일반적인 관심 사안에 관한 정보를 수집·확인 및 조율하고 정확하고 접근이 용이한 정보를 적시에 전파한다. 공보관PIO은 또한 핵심 공보사항을 모니터링 할 수 있다. 지휘구조가 단일한 것이든 통합된 것이든, 각각의 사고에 대해 1명의 공보관PIO만이 지명되어야 한다. 보조인력이assistants 다른 기관이나 부처 또는 조직에서 지명될 수도 있다. 사고지휘관IC/통합지휘부UC은(는) 모든 사고관련 정보의 배포를 승인하여야 한다. 대규모 사고나 다수의 지휘소가 설치되는 경우, 공보관PIO은 공중에 대한 정보 준비에 일관성을 보장하기 위하여 합동정보센터JIC에 참여하거나 합동정보센터JIC를 이끌어야 한다.

2) 안전관Safety Officer

안전관은 사고수습 작전을 모니터하고 긴급대응인력emergency responder personnel의 건강과 안전에 대한 자문을 포함하여 작전의 안전과 관련한 모든 사안에 대해 사고지휘관IC/통합지휘부UC을(를) 자문한다. 사고관리 작전의 안전한 수행에 대한 궁극적인 책임은 사고지휘관IC/통합지휘부UC과(와) 사고관리의 모든 계층에 있는 감독관들supervisors에게 있다. 안전관은 사고수습 작전의 일반적인 안전뿐만 아니라 사고 안전계획, 다수기관의 안전활동 조율 및 긴급대응인력의 안전을 증진시키기 위한 대책 이행을 포함하여 유해한 환경의 지속적인 평가를 보장하는데 필요한 시스템과 절차에 대하여 사고지휘관IC/통합지휘부UC에게(에) 보고할 의무가 있다. 안전관은 사고수습 작전 중에 안전하지 않은 행위를 중단 및/또는 방지할 수 있는 권한을 갖는다. 공동의 안전관리 활동에 기여하는 기관이나 조직 또는 정부는 각자의 자체 프로그램과 정책, 인력에 대한 각자의 정체성이나 책임을 잃지 않아야 한다는 점에 유의하면서 사고대응 작전에 관여하는 모든 대응인력을 보호하기 위한 전반적인 활동에 기여하여야 한다.

3) 연락관[Liaison Officer]

연락관은 다른 정부기관, NGO 및 민간부문(관할이나 법적 권한이 없는)의 대표자들이 그들 기관의 정책, 자원의 이용가능성 및 기타 사고관련 사안에 대해 의견을 제시하기 위한 사고지휘관[IC]의 연락담당이다. 단일 사고지휘관[IC]이나 통합지휘부[UC] 체계[structure] 하에서 지원 또는 협력기관과 단체의 대표자들은 연락관을 통해 협력한다. 사고수습에 배정된 기관과 조직의 대표자들은 모든 사안에 대하여 그들의 기관 지도부와 적절한 협의 후에 모[母]기관을 대신하여 발언할 수 있는 권한을 가져야 한다. 사고관리 활동에 관여하는 공공 또는 민간의 다른 기관이나 조직에서 온 인력과 보조인력을 연락관에게 배치시켜 협력을 촉진시킬 수 있다.

4) 추가 지휘참모

사고의 성격과 위치 또는 사고지휘관[IC]이 제기한 특정 요구사항

[requirements]에 따라 추가 지휘참모가 필요할 수도 있다. 예를 들어, 법률 자문관을 전문가로 기획단[Planning Section]에 배정하거나 직접 지휘참모로 배정해 비상사태 선포, 대피 및 격리 명령의 적법성, 언론의 접근성과 관련된 법적 권한[rights]과 제한[restrictions] 등과 같은 법률문제에 대해 사고지휘관[IC]을 자문하게 할 수 있다. 마찬가지로, 의료 자문관을 선임해 의료 및 정신 보건서비스, 대형 참사, 급성질환 치료, 병원균 제어[vector control], 전염병[epidemiology] 또는 대규모 질병 예방[mass prophylaxis considerations]에 관하여, 특히 생물테러 사고에 대응해 사고지휘관[IC]에게 조언과 건의하게 할 수 있다. 아울러, 특수 요구 자문관[a special needs advisor]을 지명하여 피해지역의 다양한 주민을 위한 통신, 수송, 통제 및 필수 서비스 제공에 관한 전문지식을 제공하게 할 수 있다.

다. 사고 지휘조직

사고지휘관리 조직은 사고지휘소[ICP]에 둔다. 사고지휘관[IC]은 일반적으로 사고 지점이나 그곳에 인접한 곳에 위치하는 사고지휘소[ICP]에서 작전을 지시한다. 일반적으로 각각의 사고에 대하여 1개의 사고지휘소[ICP]를 둔다. 비상관리/대응기관이 인력을 투입하면, 투입된 인력은 기관의 소속과 무관하게 지정된 자원대기소, 보급기지, 캠프에서 도착신고와 등록을 하고 사고지휘관[IC]/통합지휘부[UC]에게(에) 신고하여 사고지휘관[IC]/통합지휘부[UC]이(가) 정한 절차에 따라 임무를 받아야 한다.

그림 4 – 사고지휘시스템 : 사고지휘관IC, 지휘 및 일반참모

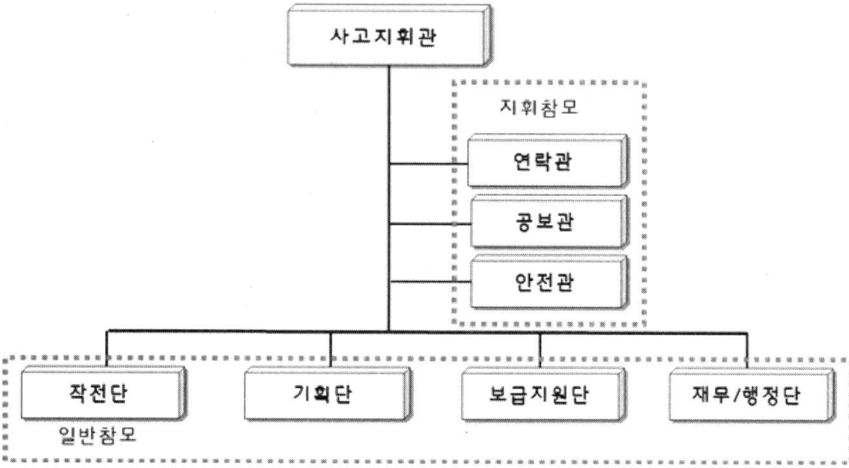

3. 일반참모General Staff [2]

일반참모는 사고 지휘구조의 기능적인 면을 관장管掌한다. 일반참모는 보통 작전, 기획, 보급지원 및 재무/행정 단장으로 구성된다. 다중관할多重管轄 사고의 경우, 각 단장은 다른 기관들로부터 부단장의 임무를 받은 1명 또는 수명의 부단장을 둘 수 있다. 단團의 기능은 아래에서 충분히 논의된다.

---

2) 일반참모 조직 단위의 한글명칭은 ICS조직명의 조어 방식, 작전수행조직의 확장성, 작전수행조직과 지원조직의 차별성, 의미의 적합성, 호칭의 간결성과 편리성, 상하 제대梯隊 간 관계, 범용적인 적용을 등을 종합적으로 고려한 것임

가. 작전단Operations Section

작전단은 당장의 위험을 저감하고, 생명과 재산을 보호하고, 상황을 통제하고, 정상 업무를 회복하는데 초점을 둔 모든 활동을 관장한다. 인명 구조와 대응인력의 안전은 항상 최상의 우선순위와 사고조치계획IAP의 첫 번째 목표가 될 것이다.

그림 5는 작전단의 조직의 원형template이다. 이러한 기본구조basic structure의 확대는 많은 고려사항과 작전요소operational factors에 따라 달라질 수 있다. 어떤 경우에는 엄격히 기능적인 방식이 사용될 수 있다. 다른 경우에는 조직 구조가 지리적/관할의 경계로 결정될 것이다. 또 다른 경우에는 기능적·지리적 고려사항을 혼합하는 것이 더 적합할 수도 있다. 사고지휘시스템ICS은 당면한 사고의 특수 상황에 맞는 올바른 조직 구조를 결정할 수 있도록 유연성을 제공한다.

그림 5 – 작전단의 주요 조직의 구성요소

1) 작전단장

작전단장은 사고수습과 관련한 모든 전술활동의 관리에 관하여 사고지휘관[IC]에 대해서 직접 책임을 진다. 작전단장은 할당된[assigned] 작전기간에 필요한 전술을 정할 것이다. 작전단장은 각각의 작전기간마다 선임되어야 하며, 사고조치계획[IAP] 수립에 직접 관여해야 한다.

2) 대[隊, Branch]

대[隊]는 사고 상황에 따라 기능적인 또는 지리적인 조직을 둘 수 있으며, 두 가지 모두를 둘 수도 있다. 대는 일반적으로 구역대[Division]나 분대[Group]의 개수가 권장되는 통솔 범위를 초과했을 때 둔다. 대[隊]는 로마 숫자로 표시하거나 기능의 분야로 구분한다.

3) 구역대[區域隊, Division] 및 분대[分隊, Group]

구역대 및/또는 분대는 자원의 수가 사고지휘관[IC]과 작전단장이 통제할 수 있는 범위를 초과할 때에 둔다. 구역대는 사고수습을 물리적인 또는 지리적인 작전 영역으로 나누기 위해 둔다. 분대는 사고수습을 기능상의 작전 영역으로 나누기 위해 둔다. 예를 들어, 일부 유형의 사고수습에 있어, 사고지휘관[IC]은 대피나 대규모 구호 임무를 작전단의 분대에 위임할 수 있다. 또한 구역대와 분대의 아래에 감독 계층을 추가할 수도 있다.

4) 자원

자원은 사고수습의 필요에 따라 3가지 방법으로 조직화되고 관리될 수 있다

- 단일 자원 : 개개의 인력이나 장비 및 관련 조작인력이 포함된다.
- 반[T/F] : 특정 임무나 작전상 요구를 지원하기 위해 모인 자원들의 조합[combination]. 반의 모든 자원 구성요소는 반드시 공통의 통신수단과 선임된 지도자를 가져야 한다.
- 팀[S/T] : 최소의 정해진 인력을 둔 종류[kind]와 유형[type]이 동일한 일정 수의 자원들. 팀의 모든 자원 구성요소는 반드시 공통의 통신수단과 선임된 지도자를 가져야 한다.

자원의 활용을 최적화하고, 많은 수의 단일 자원에 대한 통솔 범위를 줄이고, 사고관리 조정과 소통의 복잡성을 완화하기 위해 적절한 때에 반과 팀을 활용하는 것이 권장된다.

나. 기획단[Planning Section]

기획단은 사고 상황정보와 첩보를 수집·평가하여 사고지휘관[IC]/통합지휘부[UC]과(와) 사고관리인력[incident management personnel]에게 전파한다. 그 다음에 현황 보고서를 작성하고, 상황정보를 표기하고, 배치된 자원의 상태를 유지하고, 작전단의 의견과 사고지휘관[IC]/통합지휘부[UC]의 지도[guidance]에 따라 사고조치계획[IAP]을 수립한다.

그림 6에서와 같이 기획단은 4가지의 주요 계[係]와 상황평가, 계획수립 방안의 개발 및 추가자원 소요 예측을 지원할 다수의 전문가들로 구성된다. 기획단 내의 주요 계들은 기능적인 요구사항[functional requirements]를 충족시킨다.

- 자원계 : 사고수습에 투입된 자원의 상태를 기록한다. 또한 현재 사고수습에 투입된 자원, 추가자원이 사고대응에 미칠 효과 및 향후 자원 요구[needs]를 평가한다.
- 상황계 : 사고 상황정보를 수집, 구성 및 분석한다.
- 복귀계 : 사고수습 자원이 질서 있고 안전하고 효율적으로 동원해제 될 수 있도록 한다.
- 기록계 : 사고수습과 관련된 모든 문서를 수집, 기록 및 유지한다.
- 전문가 : 사고지휘시스템[ICS] 조직 어디에서나 활용될 수 있는 전문지식을 보유한 인력.

그림 6 – 기획단 조직도

기획단은 사고지휘관[IC]/통합지휘부[UC]이(가) 이 기능을 다른 곳에 위임하는 경우를 제외하고 주로 사고와 관련한 주요한 정보와 첩보를 수집하고 배포한다. 기획단은 또한 사고조치계획[IAP]을 취합한다. 사고조치계획[(IAP)]은 사고지휘관[IC]이 정한 전반적인 사고수습 목표와 전략을 포함한다. 통합지휘부[UC]의 경우, 사고조치계획[IAP]은 반드시 각 관할기관의 임무와 정책 요구[needs]는 물론 정부, 기능담당기관 및 민간단체 간의 상호작용도 충분히 다뤄야 한다. 사고조치계획[IAP]은 또한 계획된 작전기간에 필요한 전술 및 지원 활동을 다룬다. 작전기간은 12시간 내지 24시간이 일반적이다.

사고조치계획[IAP]은 선행 작전기간 중 얻은 교훈에 근거한 전략과 전술의 변경사항을 반영하여야 한다. 문서화된 사고조치계획[IAP]은 아래의 경우에 특히 중요하다.

- 다수의 기관들 및/또는 정부들의 자원이 관여하는 경우
- 사고수습이 다수의 작전기간에 걸치는 경우
- 인력 및/또는 장비의 교대 주기에 변경이 필요할 경우
- 조치 및/또는 결정 사항을 문서화 할 필요가 있는 경우

사고조치계획[IAP]에는 표 5에서와 같은 다수의 항목이 포함된다.

표 5 – 사고조치계획[IAP] 예시

구성요소	작성자
사고수습 목표 (서식 : ICS 202)	사고지휘관[IC]
조직과업목록 또는 조직도 (서식 : ICS 203)	자원계
개인과업목록 (서식 : ICS 204)	자원계
무선통신 계획 (서식 : ICS 205)	통신계
대응인력에 대한 의무[醫務]지원 계획 (서식 : ICS 206)	의무계
사고지역 지도	상황계
일반적 안전 메시지/현장 안전 계획	안전관
사고 상황에 따른 기타 잠재적인 구성요소	
항공작전 개요	항공작전
수송 계획	수송계
오염제거 계획	전문가
폐기물관리/처리 계획	전문가
동원해제 계획	복귀계
현장 보안계획	경찰, 전문가 또는 보안관리자
수사 계획	경찰
증거 수집 계획	경찰
소개[疎開] 계획	필요 시
대피/대규모 구호 계획	필요 시
기타	필요 시

다. 보급지원단Logistics Section

보급지원단(그림 7 참조)은 사고 현장이 아닌 곳에서의 자원 주문을 포함하여 효과적이고 효율적인 사고관리에 필요한 모든 서비스 지원 요구사항을 처리한다. 보급지원단은 시설, 보안(사고지휘 시설과 인력에 대한 보안), 운송, 보급, 장비 유지관리와 급유, 급식, 통신 및 정보기술 지원, 응급의료 서비스를 제공하며 필요한 경우에 예방 접종을 실시한다. 보급지원단 내의 6가지 주요 계들은 기능적인 요구사항을 충족시킨다.

- 보급계 : 사고수습 관련 모든 자원, 인력 및 물품을 주문, 접수, 보관 및 처리한다.
- 수송계 : 사고수습 기간에 지상 수송을 담당한다. 운송수단 제공과 관련하여 차량을 정비·공급하고, 사용기록을 유지하고, 교통계획을 수립한다.
- 시설계 : 사고수습 작전 지원에 사용할 모든 시설을 설치, 유지관리 및 해체한다. 또한 사고수습 작전을 지원하는 데 필요한 유지보수 및 보안 서비스를 제공한다.
- 급식계 : 식품 및 식수 소요를 판단하고, 메뉴를 계획하고, 식품을 주문하고, 조리시설을 제공하고, 음식을 조리·제공하고, 급식구역을 유지하고, 식품 보안과 안전에 관한 일을 처리한다.
- 통신계 : 주요 임무에는 효과적인 통신계획 수립, 통신 장비의 획득·설치·유지보수 및 관리가 포함된다.
- 의무계 : 사고수습 인력에게 효과적이고 효율적인 의료서비스를 제공한다.

그림 7 - 보급지원단 조직도

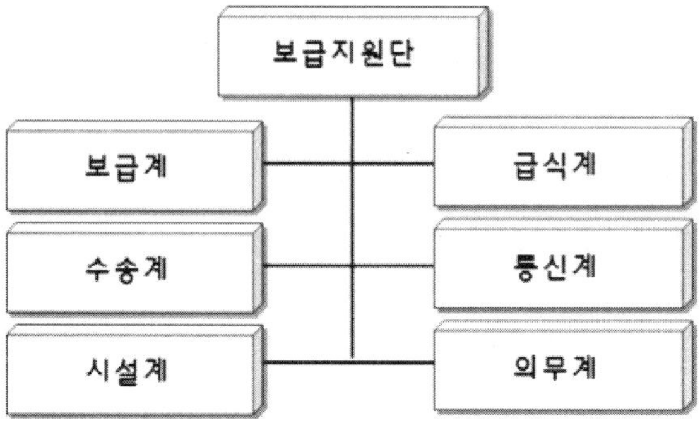

라. 재무/행정단Finance/Administration Section

재무/행정단은 현지에서 사고관리 활동이 필요하거나 사고 별로 재무 및 행정지원 서비스가 필요할 때 둔다. 이 단의 임무 범위에 속하는 일부 기능에는 인력의 근무시간 기록, 공급업자와의 계약서 보관, 보상 및 청구, 사고수습을 위한 전체 비용분석이 포함된다. 재무/행정단이 설치되면, 기획단 및 보급지원단과 긴밀히 협력하여 작전 기록과 회계서류를 일치시켜야 한다.

재무/행정단은 다수의 출처에서 나올 상당한 자금을 필요로 하는 크고 복잡한 사고 수습에 있어 사고지휘시스템ICS의 필수 부분이다. 재무/행정단장은 다수의 자금 출처를 모니터링 하는 것 외에 사고수습이 진행되면서 발생된 비용을 사고지휘관IC에게 보고하여야 한다. 이에 따라 사고지휘관IC은 작전에 지장이 초래되기 전에 추가 자금소요를 예측할 수 있다. 그림 8은 재무/행정단의 기본 조직구조를 나타낸 것이다. 이 단을 둘 경우, 그림에 있는 계들은 필요에 따라 충원될 수 있다. 재무/행정단 내의 4가지 주요 계들은 기능적인 요구사항을 충족시킨다.

- 보상계 : 사고수습 현장에서의 재산 피해, 부상 또는 사망에 따른 재정적 관심사concerns를 처리한다.
- 비용계 : 비용확인, 원가분석, 견적작성 및 비용절감 조치의 권고를 담당한다.
- 조달계 : 업체와 계약에 관한 회계업무를 담당한다.
- 시간계 : 사고수습 인력과 임차 장비의 근무/사용시간 기록을 담당한다.

그림 8 – 재무/행정단 조직도

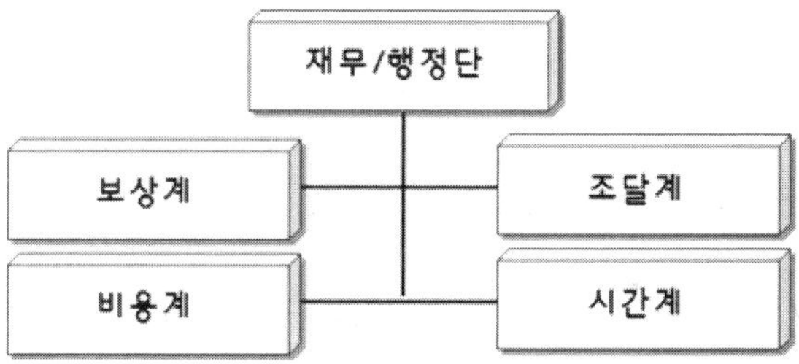

마. 첩보/조사 기능Intelligence/Investigations Function

사고와 관련한 첩보의 수집, 분석 및 공유는 사고지휘시스템ICS의 중요한 구성요소이다. 작전정보와 상황첩보는 통상적으로 기획단의 관리기능이며 3가지의 사고첩보분야, 즉 사고현황, 자원의 상태 및 예상되는 사고 상황이나 확대요인(예: 일기예측, 보급품의 위치 등)에 초점이 맞춰진다. 이러한 정보와 첩보는 사고관리 의사결정에 활용된다. 아울러, 기획단의 전문가들은 전술 결정을 뒷받침하는 특정한 정보를 제공하는데 활용될 수 있다.

사고관리 조직도 첩보/조사 활동으로 얻은 정보의 수집, 분석 및 공유를 위한 시스템을 만들어야 한다. 일부의 사고는 두 가지 방법 중 하나로 정의된 첩보와 조사정보를 필요로 한다. 첫째, 테러를 포함한 범죄 활동이나 이에 연루된 자들의 탐지와 방지 또는 체포와 기소로 이어지는 정보로 정의된다. 둘째, 공중보건 사고, 질병 창궐 또는 원인 미상의 화재와 같은 사고(출처에 관계없이)의 원인, 확산 추정, 영향 평가 또는 대응책 선택으로 이어지는 정보로 정의된다.

사고지휘시스템[ICS]은 조직의 유연성을 이용해 첩보/조사 기능을 조직 구조 내의 다른 여러 곳에 둘 수 있다.

- 기획단 내에 : 이것은 이 기능을 위한 전통적인 편성에 해당되며 조사 정보에 대한 요구가 없거나 미미하고 전문화된 정보도 크게 필요로 하지 않은 사고수습에 적합하다.
- 별개의 일반참모 단으로 : 이 선택은 범죄나 역학조사 용도로 사고수습에 첩보/조사가 큰 비중을 차지하거나 다수의 조사기관들이 관여하는 경우에 적합할 수 있다. 별개의 첩보/조사단은 기술적 분석이 필요한 고도의 전문화된 정보가 인명구조·작전(화학적, 생물학적, 방사능, 핵 사고)에 핵심이 되면서 시간을 다툴 때 또는 비밀첩보에 대한 요구가 있을 때에 필요할 수도 있다.
- 작전단 내에 : 이 선택은 조사 정보와 사용될 작전상 전술 간에 높은 수준의 연계와 조율을 요하는 사고수습에 적합할 수 있다.

- 지휘참모 내에 : 이 선택은 전술 정보나 비밀 첩보에 대한 요구가 거의 없고 지원기관의 대표자들이 사고지휘관[IC]/통합지휘부[UC]에게(에) 실시간으로 정보를 제공하는 경우에 적합할 수 있다.

첩보/조사 기능의 임무[mission]는 사고대응의 범위 내에서 아래의 사항을 위해 모든 조사/첩보 작전, 기능 및 활동을 적절히 관리, 조율 및 지휘하는 것이다.

- 추가 활동, 사고 또는 공격을 방지/저지
- 첩보사항을 수집, 처리, 분석 및 적절히 전파
- 철저하고 광범위한 수사 진행
- 증거력이 있는 모든 증거를 확인, 처리, 수집, 연계 보관성[chain of custody] 유지, 보호, 검토/분석 및 보관
- 발생한 사고(화재, 질병 창궐 등) 조사에 있어 원인 결정, 확산 및 영향 통제

첩보/조사 기능은 사고 발생시 관련 부처[departments]의 모든 이해관계를 넘는[cross] 소임을 가지나, 어떤 기능들은 경찰의 대응과 임무분야에 국한된다. 두 가지 예로, 하나는 신속하게 모든 범법자들을 파악해 체포하는 것이고, 다른 하나는 모든 피의자를 성공적으로 기소하는 것이다.

첩보/조사 기능이 어떤 방식으로 편성되든지 간에 긴밀한 연락이 유지될 것이고 정보가 사고지휘관[IC], 작전단 및 기획단에 전달될 것이다. 그러나 철저한 보안이 필요한 비밀 정보, 민감한 정보나 수사를 절

충[compromise]할 수 있는 특정 수사전술은 오직 적절한 비밀취급 인가를 받은 자나 알 필요가 있는 자와 공유되어야 한다.

첩보/조사 기능은 다양한 방식으로 편성될 수 있다. 다음은 필요시 가동될 수 있는 분대[分隊, Groups]의 사례이다.

- 조사작전분대 : 전반적인 조사활동을 담당
- 첩보분대 : 비밀이 아닌, 비밀의, 그리고 출처가 공개된 첩보 입수를 담당
- 과학수사분대 : 범죄현장 보존, 법의학적 증거 수집 및 보존을 담당
- 조사지원분대 : 필요한 조사인력을 신속하게 제공하고 적절한 때에 필요한 자원들이 적절히 배분, 유지, 보호, 보관 및 반환되도록 한다.

실종되었거나 미확인된 사람과 유골을 신속히 조사확인하고, 필요한 통지가 적시에 이루어질 수 있도록 다른 분대들을 둘 수도 있다. 이러한 임무에는 가족지원센터[family assistance center]에서의 생전의 정보와 샘플 수집이 포함된다.

4. 사고관리팀[IMT]

사고관리팀[IMT]은 지휘 및 일반참모 구성원과 사고지휘시스템[ICS] 조직의 기타 인력으로 구성된 사고지휘 조직으로서 필요에 따라 배치되거나 가동될 수 있다. 국가, 주 및 일부 지방의 사고관리팀[IMT]는 공식 인증과 자격, 통지, 배치 및 운영 절차를 두고 있다. 다른 경우에 사고관리팀[IMT]은 사고 발생시 또는 특정 이벤트를 위해 구성되는 경우도

있다. 사고관리팀[IMT]의 확인된 공식 대응 요구사항 및 소임과 결부되어 있는 사고관리팀[IMT] 구성원의 훈련과 경력의 수준은 사고관리팀[IMT]의 유형[type]이나 수준[level]을 결정하는 요소가 된다.

5. 복합사고 : 1개의 사고지휘시스템[ICS] 조직으로 다수의 사고를 관리

가. 설명

복합사고[Incident Complex]는 1인의 사고지휘관[IC]이나 통합지휘부[UC]에 배정되는 동일 지역에 위치한 두 가지 또는 그 이상의 각각의 사고들을 의미한다. 수개의 개별 사고들이 복합사고로 정해지면, 이전에 확인된 사고들은 사고관리팀[IMT]의 작전단 내 대[隊]들을 두어 맡게 하는 것이 일반적인 지침[general guideline]이다. 이것은 필요하다면 향후 확장을 위한 보다 큰 잠재력을 제공하고, 각각의 대[隊]는 구역대나 분대를 두기 위한 증강된 유연성을 갖게 된다. 아울러, 각각의 사고수습을 위해 이미 구역대와 분대가 설치되었을 수도 있으므로 동일한 기본구조[the same basic structure]가 확장될 수 있다. 복합사고 내 어떤 사고가 대규모 사고가 될 가능성이 있다면, 이를 독자적인 사고지휘시스템[ICS] 조직을 둔 분리된 사고로 정하는 것이 최선이다.

다음은 복합사고의 적용이 적합한 사례들이다.

- 지진, 토네이도, 홍수 또는 아주 근접하여 다수의 사고들이 발생한 기타 상황
- 서로 근접해서 발생하는 수개의 유사한 사고들
- 배치된 사고관리팀[IMT]으로 수습 중인 1개의 사고와 동일 지역에서 발생하는 보다 작은 다른 사고들

복합사고는 1인의 사고지휘관[IC]이나 통합지휘부[UC] 하에서 관리될 수 있다. 다음은 복합사고의 적용을 위한 추가적인 고려사항이다.

- 사고들이 동일한 사고관리팀[IMT]을 통해 관리될 수 있을 만큼 근접해 있다.
- 통합 관리방식은 일부의 인력이나 보급지원을 절약할 수 있다.
- 인력과 비용을 줄이기 위해 가능하다면 관할구역 내의 전체 사고들을 합치는 것이 필요하다.
- 1인의 사고지휘관(IC)은 복합사고 수습에 기획, 보급지원 및 재무/행정 활동을 충분히 제공할 수 있다.

6. 지역지휘부[Area Command]

가. 설명

지역지휘부는 별개의 사고지휘시스템[ICS] 조직들이 개별적으로 다루고 있는 다수의 사고관리를 감독하거나 다수의 사고관리팀[IMTs]이 관여하는 규모가 크거나 진화하고 있는 사고관리를 감독하는 조직이다.

사고에 대해 관할 책임을 갖는 기관의 장/경영진Agency Administrators/Executives 이나 다른 공공기관의 관료other public official가 지역지휘부 설치를 결정한다. 지역지휘부는 사고의 복잡성과 사고관리 통솔범위의 고려에 따라 필요한 경우에만 가동된다.

지역지휘부는 특정 현장에 국한되지 않고, 당장 확인이 안되고, 지역적으로 흩어져 있고, 시간이 흐르면서 진화하는 사고(예, 공중보건 비상사태, 지진, 토네이도, 소요사태 및 수개의 사고관리팀이 사용되고 있고 이러한 사고들이 모두 유사한 자원을 필요로 하는 어떤 지역)에 특히 관계된다. 이러한 사고는 물론 생물학, 화학, 방사능 및 핵 테러 행위와 같은 사고는 보다 상위 계층의 정부에서 주로 행해지는 대규모 조정과 함께 조율된 정부간, NGO 및 민간부문의 대응을 필요로 한다. 지역지휘부는 다수의 유해화학물질 유출사고나 화재와 같이 동일한 지역에서 동일한 유형의 다수의 사고수습에 동일한 자원들이 경합될 때도 사용된다.

사고들의 유형이 서로 다르거나 사고수습에 있어서 유사한 자원에 대한 수요가 없을 때에는 별개의 사고들로 처리되거나 비상운영본부EOC 또는 다수기관조정그룹MAC Group을 통해 조율이 이루어진다. 만일 지역지휘부의 권한 하에 있는 사고들이 다수의 정부관할에 걸친다면, 통합지역지휘부Unified Area Command가 설치되어야 한다(그림 9 참조). 이때 각각의 관할정부는 통합지역지휘부에 적절한 대표자를 둘 수 있다.

그림 9 - 지휘계통과 보고 관계

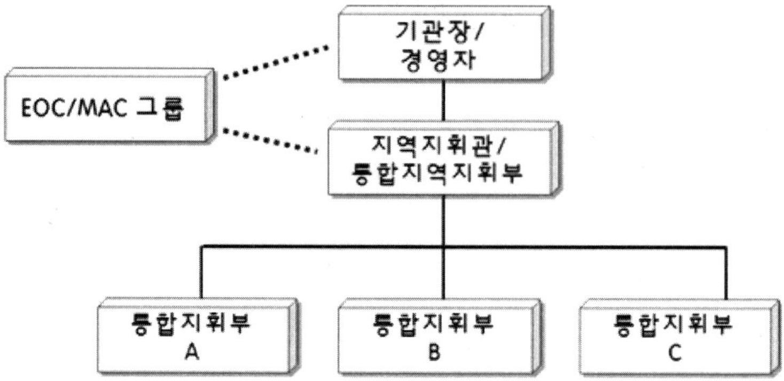

비상운영본부EOC/다수기관조정그룹MAC Group, 기관의 장/경영진 및 지역지휘관Area Commander/통합지역지휘부를 연결하는 점선은 EOC/MAC Group과 지휘구조 사이의 소통과 협력관계를 나타낸다.

지역지휘부는 다수기관조정시스템MACS의 기능과 혼동되어서는 안 된다. 지역지휘부는 사고수습의 관리·조정을 감독하는데 반하여 통신/파견센터, 비상운영본부EOC 또는 다수기관조정그룹MAC Group 등과 같은 다수기관조정시스템MACS의 구성요소는 지원을 조정한다.

나. 임무responsibilities

지역지휘부는 권한 하에 있는 사고들에 대하여 다음과 같은 임무를 수행한다.

- 영향을 받은 지역(들)을 위해 광범위한 목표를 정한다.
- 개개의 사고수습 목표 및 전략 수립을 조정한다.
- 정해진 우선순위가 바뀌면 자원을 (재)배치한다.
- 사고가 적절히 관리되고 있음을 보장한다.
- 효과적인 소통을 보장한다.
- 사고관리 목표들이 달성되게 하고 서로 충돌하거나 기관의 정책에 반하지 않도록 한다.
- 핵심자원에 대한 수요를 파악하고 구축된 비상운영본부[EOC]/다수기관조정그룹[MAC Group]에 보고한다.
- 단기간의 "긴급복구"가 완전한 복구로 이행[移行] 되도록 조정이 이루어지고 있음을 보장한다.

제2장 다수기관조정시스템[MACS]

다수기관[多數機關] 조정은 각급 정부와 모든 학문분야가 보다 효과적이고 효율적으로 협업하게 하는 프로세스이다. 다수기관 조정은 사고관리에 관련된 여러 학문분야나 관할의 경계 또는 정부의 계층에 걸쳐서 이루어진다.

> 다수기관조정시스템[MACS]은 시스템이다... 그저 시설이 아니다.

다수기관 조정은 대비, 예방, 대응, 복구 및 경감과 같은 활동에 있어서 다른 기관들이 상호작용을 할 때는 언제든지 그리고 정기적으로 이루어진다. 협력기관들은[cooperating agencies] 서로가 보다 효율적으로 협업할 수 있는 방법을 보다 잘 정하기 위해 다수기관조정시스템[MACS]을 구성한다. 그러나 다수기관 조정은 정해둔 규약 없이도 이루어질 수 있다. 다수기관조정시스템[MACS]은 장소, 인력의 직책, 조직구조에 관계없이 작동될 수 있다. 다수기관조정시스템[MACS]에는 계획된, 예고된 또는 예고되지 않은 사건에 대처하기 위한 자원과 기타 지원을 기획하고 조정하는 것이 수반된다. 다수기관조정시스템[MACS]은 참여기관들의 상호작용을 조정할 업무관행[business practices], 표준운영절차[SOP], 프로세스 및 규약을 정한다. 다수기관조정시스템[MACS]의 필수요소에는 파견 절차와 규약, 사고지휘구조, 가동된 비상운영본부[EOC]에서 이루어지는 조정 및 지원활동 등이 있다. 기본적으로 다수기관조정시스템[MACS]은 사고를 관리하는 사고지휘시스템[ICS]의 지휘 체계[structure]에 지원[support], 조정[coordination] 및 정책적 수준의 결정과 함께 원조[assistance]를 제공한다.

서면 합의는 시스템 내의 기관들이 정해진 룰을 이용해 활동하게 하며 대개 참여조직들에 의해 자율적으로 정해진다. 다수기관조정시스템[MACS]의 완전한 시행이 다수기관[多數機關]의 원활한 조정활동을 위해 대단히 중요하고 1개 이상의 관할기관이 대응할 때는 언제나 성공과 안전에 필수적이다. 게다가, 다수기관조정시스템[MACS]의 사용은 NIMS의 지휘관리의 구성부문의 하나이며 조율된 대응을 위해 필요한 확장성과 유연성을 향상시킨다.

1. 정의

다수기관조정시스템[MACS]의 일차 기능은 현장의 수준 위에서의 활동을 조율하고, 필수적이거나 경합이 붙은 자원에 대한 수요에 우선순위를 둠으로써 현장에서의 작전조정을 돕는 것이다. 다수기관조정시스템MACS은 공통시스템에 통합된 인력, 절차, 규약, 업무관행, 통신의 조합으로 이루어진다. 다수의 정부들 간의 자원 및 지원 조정을 위하여 다수기관조정시스템MACS은 고정된 시설에서 또는 이 시스템 내에 기재된 다른 방식에 의해 이행될 수도 있다.

다수기관조정시스템MACS이 비공식적이고 정부 간의 구두 합의에 기반한 경우도 일부 있으나, 다수기관조정시스템MACS은 보통 공식적이고 서면 합의와 운영절차 및 규약에 근거를 둔다. 사고가 있기 전에 사안을 처리하는 공식적인 프로세스가 조정기능을 간소화 하므로 더 선호되고 권장되는 방식이다. 정부 간의 임기응변식 처리가 비교적 경미한 사고에 대한 다수기관 조정에는 효과를 낼 수도 있으나, 보다 크고 복잡한 사고에 대한 조정은 잘 설계되어 구축된 시스템 내에서 이루어질 때 가장 성공적이다.

그림 10 – 다수기관조정시스템

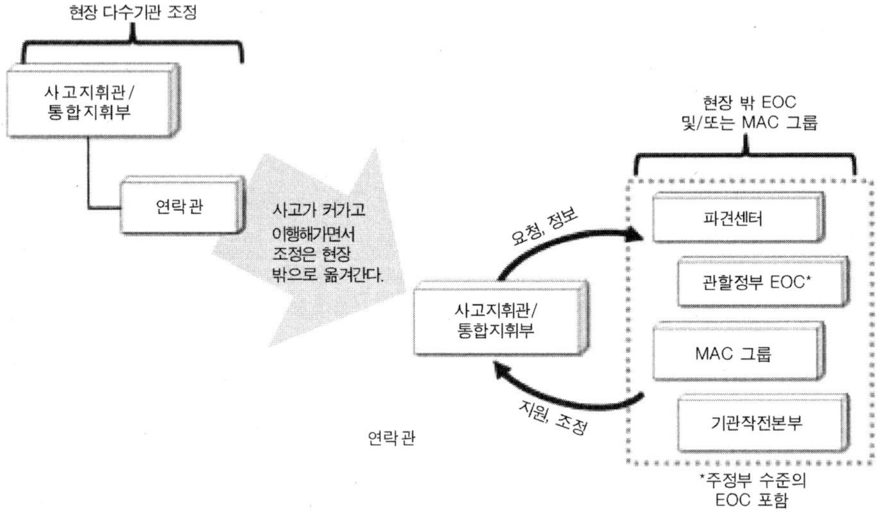

그림 10은 사고수습 프로세스에서 이행移行해 가는 다수기관조정시스템MACS의 개요를 나타낸다. 이 그림은 사고수습이 1인의 현장 지휘관과 함께 시작되어 그 규모와 복잡성이 커지면서 통합지휘부UC로 발전하고 현장 밖off-scene에서의 조정과 지원을 필요로 할 수 있음을 나타낸다.

2. 시스템의 구성요소

다수기관조정시스템MACS은 자원조정과 비상작전 지원 임무responsibilities를 갖는 공통 시스템에 통합된 시설, 장비, 인력 및 절차의 조합combination으로 이루어진다.

가. 시설

시스템 활동을 수용하기 위한 통신/파견센터[communications/dispatch center], 비상운영본부[EOC], 시청, 가상[假想] 공간과 같은 장소[location]에 대한 요구[need]는 시스템의 예상되는 기능에 따라 결정될 것이다.

나. 장비

시스템 활동을 이루기 위해서는 장비(컴퓨터, 전화 등)가 확인되고 조달되어야[procured] 한다.

다. 인력

인력은 일반적으로 기관의 장/경영진이나 이들로부터 조율된 대응 활동에 기관의 자원과 기금 사용 권한을 위임 받은 대표자들이 해당된다. 인력은 또한 현장 수준 위에서의 활동을 조율하는 것을 돕는 지원기관과 NGO 및 민간부문에서 권한을 위임 받은 대표자들도 해당될 수 있다.

라. 절차

절차에는 다수기관조정시스템[MACS]의 활동과 관계 및 기능을 규정하는 프로세스, 규약, 협정 및 업무관행이 포함된다. 쌍방향[interactive] 통신활동과 관련 실행계획을 확인하는 것은 이 시스템의 중요한 부분

components이다.

EOC는 사고가 확대되면서 외부의 조정 부담을 완화하고 추가지원을 확보함으로써 현장대응을 지원하기 위해 가동된다.

EOC는

- 물리적 장소이다.
- 훈련을 받고 각자의 기관/직능분야를 대표할 권한을 받은 인력으로 충원된다.
- 사고현장과 통신하고 자원 및 잠재된 자원을 얻는 메커니즘을 갖추고 있다.
- 규약을 통해 관리된다.
- 서로 다른 수준의 정부에 적합하다.

EOC는 사고의 수준에 적합한 인력과 장비로 구성된다.

EOC는

- 모든 수준의 정부와 민간부문 내에서 다양한 방식으로 사용된다.
- 비상시에 조정과 방침direction 및 지원을 제공한다.

EOC는 MACS 기능을 촉진하며 자원 요구가 지방의 역량을 초과할 때 지역지휘부, IC 또는 UC를 지원하기 위해 필요할 수도 있다.

EOC는 현장의 사고수습을 지휘하지 않는다.

3. 시스템 구성요소의 사례

다수기관조정시스템MACS에서 가장 흔히 사용되는 2가지 부류部類는 비상운영본부EOC와 다수기관조정그룹MAC Groups이다.

가. 비상운영본부[EOC]

비상운영본부[EOC]는 주요 학문분야(예, 소방, 경찰 또는 응급의료), 긴급지원기능(예, 수송, 통신, 토목공학 또는 자원지원), 정부(예, 시, 카운티 또는 지역 등)에 의해 편성되거나, 이들의 일부 조합으로 편성될 수도 있다. 사고지휘소[ICP]는 사고관리의 효과와 효율을 보장하기 위해 비상운영본부[EOC]와 원활한 통신연결이 필요하다.

정부 내의 기관들도 각자의 보유자원의 전반적인 관리를 위하여 부처 수준에서 조정, 통신, 통제, 보급지원 등의 체계를 갖출 것이다. 정부 부처(또는 청, 기관 등)나 민간단체 역시 그 조직이 수행 중인 활동과 지원하는 비상운영 사이의 접점으로서 역할 하는 운영본부(여기서 기관운영본부 또는 DOC로 불리는)를 둘 수 있다. 기관운영본부[DOC]는 사고수습을 직접 지원하고 작전에 관한 정보를 받을 수 있다. 대부분의 경우, 기관운영본부[DOC]들은 연합된 기관[a combined agency] 비상운영본부[EOC]에 부처나 기관을 위해 지정된 대리인들로 대표를 둔다.

비상운영본부[EOC]는 다수의 정부와 직능별 학문분야 및 아주 다양한 자원들을 대표하는 인력으로 충원될 수 있다. 예를 들어, 생물테러 사고에 대응하기 위한 지방정부의 비상운영본부[EOC]에는 경찰, 비상관리, 보건 및 의료 인력(지방, 주 또는 연방의 보건관료와 의료시설, 응급의료서비스 등의 대표자)이 포함될 것이다.

비상운영본부[EOC]의 물리적인 크기, 충원 및 설비의 규모는 정부, 가용자원 및 예상되는 사고관리 업무량에 따라 결정될 것이다. 비상운영본부[EOC]는 다양한 방식으로 편성되고 충원될 수 있다. 그것의 조직 구조와는 관계없이, 비상운영본부[EOC]는 조정, 소통, 자원 배분과 추적, 정보 수집·분석 및 배포 등의 핵심 기능을 담당한다.

지방 정부의 비상운영본부[EOC]가 가동되면, 반드시 사고지휘관[IC]과 비상운영본부[EOC] 간에 소통과 조율이 이루어져야 한다. 사고지휘시스템[ICS]의 현장 조직 역시 직접 또는 각자의 모[母] 조직을 통해 가동된 지방의 비상운영본부[EOC]와 소통이 이루어져야 한다. 아울러, 각급 정부 및 직능별 기관에 걸친 비상운영본부[EOC]는 민간 조직이 운영하는 비상운영본부[EOC]를 포함해 다른 비상운영본부[EOC]와 적절하게 소통할 수 있어야 한다. 비상운영본부[EOC] 간의 통신은 신뢰할 수 있어야 하고 내재된 중첩성[built-in redundancies]이 있어야 한다. 비상운영본부[EOC] 기능의 효율성은 대체로 참여기관들 간의 상호응원협정과 공동통신규약의 존재 여부에 달려 있다.

나. 다수기관조정그룹[MAC Group]

일반적으로 기관의 자원과 기금을 대표하거나 사용 권한을 받은 기관의 장/경영진이나 피지명자들이 모여 다수기관조정그룹[MAC Group]을 구성한다. 다수기관조정그룹[MAC Group]은 다수기관위원회, 비상관리위원회 또는 시스템에 의해 정의된 다른 이름으로 불리기도 한다. 다수기관조정그룹[MAC Group]의 참여 기준[criteria]에 부합하는 비상운영본부[EOC] 배치인력은 그러한 역할수행을 요구 받게 될 것이다.

다수기관조정그룹[MAC Group]은 사고수습에 직접 개입하지 않고 흔히 사고현장에서 멀리 떨어진 곳에 위치한다. 많은 경우에 다수기관조정그룹[MAC Group]은 주어진 업무수행을 위해 가상적으로 기능을 수행할 수 있다.

다수기관조정그룹[MAC Group]은 자체 보급과 문서작성의 필요성에 따라, 주요자원의 추적·상황 및 첩보나 수사 정보와 같은 사고관련 의사결정 지원정보를 관리하기 위하여, 그리고 언론매체와 대중에 공보사항을 제공하기 위하여 지원조직을 필요로 할 수도 있다. 인력의 수와 전문기술은 사고의 복잡성, 활동의 수준, 다수기관조정그룹[MAC Group]의 요구[need] 및 합의문이나 관련 대비 조직을 통해 확인된 기타 요인에 따라 달라질 것이다. 다수기관조정그룹[MAC Group]은 어느 계층의 정부(예, 국가, 주 또는 지방)이든, 또는 어느 학문분야(예, 비상관리, 보건, 핵심기반 또는 민간부문)이든 설치될 수 있다.

4. 다수기관조정시스템[MACS]의 주요 기능

다수기관조정시스템[MACS]이 효율적이고 효과적이기 위해서는 유연성과 확장성이 있어야 한다. 다수기관조정시스템[MACS]은 사고 발생시 주로 공통 기능을 수행하나, 시스템의 모든 기능이 모든 사고 발생시 이행되는 것은 아니며 기능에도 어떤 특정한 순서가 있지는 않다.

가. 상황평가

평가에는 필요한 모든 정보의 수집, 처리 및 나열이 수반된다. 상황평가는 상황 보고서를 통합하고, 추가 정보를 얻고, 지도와 상황판을 준비하는 형식을 취할 수 있다.

나. 사고수습 우선순위 결정

정해진 책임 범위 내에서 진행 중인 사고수습에 우선순위를 두는 것 또한 다수기관조정시스템[MACS]의 기능이다. 일반적으로 지역지휘부나 사고지휘관[IC]과 협력하기 위한 프로세스나 절차를 만들어 중요한 자원에 대한 수요에 우선순위를 정한다. 우선순위 결정을 위한 추가 고려사항은 다음과 같다.

- 생명이 위협받는 상황
- 재산에 대한 위협
- 큰 피해 가능성
- 사고의 복잡성
- 환경 피해
- 경제적 영향
- 다수기관조정시스템이 정한 다른 기준[criteria]

다. 주요자원의 획득과 배분

지정된 주요 자원들은 가능하면 관계 기관이나 정부로부터 획득하게 될 것이다. 이러한 기관이나 정부는 수습의 우선순위 결정에 따라 자원을 내부적으로 이동시켜 사고수습의 요구에 부응할 수 있다. 예를 들어, 동원해제 된 가용자원은 우선순위가 더 높은 사고수습에 배치될 수 있다.

또한 자원은 피해지역 밖에서 얻게 될 수도 있다. 외부 자원을 구하기 위한 절차는 관계된 기관과 성문합의成文合意와 같은 것에 따라 달라질 것이다.

라. 적절한 사고관리 정책과 기관간 활동에 대한 지원

다수기관조정시스템MACS의 주요 기능은 사고관리 활동, 정책, 우선순위 및 전략과 관련이 있는 정책 수준의 결정과 기관 간의 활동을 조율하고 지원하는 것이다.

마. 다른 다수기관조정시스템MACS의 구성요소와 협력

다수기관조정시스템MACS의 중요한 부분은 시스템의 각 구성요소가 동일 계층, 상위 계층 및 하위 계층에 있는 다른 시스템의 구성요소와 어떻게 소통하고 협력할 것인지를 정하는 것이다. 사고수습 후에 다수기관 조정에 관계된 구성요소들은 얻은 교훈을 절차, 규약, 업무 관행, 통신 전략에 통합시킬 의무를 질 수 있다. 이러한 개선활동은 다른 적절한 대비 조직들과의 조율이 필요할 수도 있다.

바. 선출직·임명직 고위관료와의 협력

다수기관조정시스템[MACS]의 또 다른 주요 기능은 각급 정부의 선출직·임명직 고위관료들에게 통지하는 프로세스나 절차이다. 희소 자원은 더 높은 우선순위를 갖는 기관이나 정부로 이동시킬 필요가 있으므로 고위관료들, 특히 피해지역 정부 고위관료의 상황인식과 지원을 유지하는 것이 매우 중요하다.

사. 요약정보 협력

상황평가 기능을 통하여 다수기관 조정 절차를 이행하는 기관은 책임 범위 내에서 사고에 관한 요약 정보를 제공하고 기관/관할정부의 연락처를 언론매체와 기타 이해관계가 있는 기관에 제공할 수 있다.

5. 다수기관조정그룹[MAC Group]과 지역지휘부의 차이

다수기관조정그룹[MAC Group]은 지역지휘부와 종종 혼동되곤 한다. 표 6은 이 두 가지 사이에 몇 가지 뚜렷한 차이를 강조한 것이다.

표 6 - 다수기관조정 그룹과 지역지휘부의 차이

다수기관조정그룹^Mac Group^	지역지휘부
• 직접적인 사고수습 책임이나 권한이 없는 현장 밖에서의 조정 및 지원 조직	• 다수의 사고수습에 배치된 사고관리팀들^IMTs^에 대한 감독 책임과 권한을 갖는 사고지휘시스템^ICS^의 관리기능. 지역지휘부는 통합 지역지휘부로 설치될 수 있다.
• 기관의 장/경영진 또는 사고수습에 관계하거나 주력하는 기관들의 피 지명자들로 구성	• 가장 숙련된 사고관리 인력으로 구성
• 조직은 일반적으로 다수기관조정 인력(기관의 장/경영진 포함), 다수기관조정그룹^MAC Group^ 조정관, 첩보/정보 지원 인력으로 구성	• 조직은 일반적으로 지역지휘관, 기획담당 副지역지휘관, 보급지원담당 副지역지휘관으로 구성
• 사고수습의 우선순위를 정하고 통신/파견시스템을 통해 필수자원을 배치/재배치	• 다수기관조정시스템^MACS^이나 정상적인 통신/파견시스템 조직에 의해 할당된 핵심 자원을 배치/재배치
• 기관의 장/경영진 수준에서 다수의 기관들에 영향을 미치는 사안에 대하여 의견을 조율해 결정	• 사고수습 목표들과 전략들이 사고관리팀^IMT^ 간에 상호 보완이 이루어지고 있음을 보장

제3장 공보Public Information

1. 머리말

공보는 사고의 원인과 규모 및 현재 상황을 일반인, 대응기관 및 기타 (직·간접 영향을 받은) 이해관계기관에게 시의 적절하고 정확하게 전달하는 프로세스, 절차 및 시스템으로 구성된다. 공보는 정부·기관 및 조직에 걸쳐, 연방·주·부족 및 지방 정부 간에, 그리고 NGO와 민간부문과 함께 조율되고 통합되어야 한다. 잘 수립된 공보와 교육전략 및 통신계획은 인명구조 대책, 대피경로, 위협경보시스템 및 기타 공안公安 정보가 시의 적절한, 일관된 방식으로 조율되어 다수의 청중audiences이 이해하게 하는 것을 보장하는데 도움이 된다.

2. 시스템의 설명과 구성요소

가. 공보관PIO

공보관PIO은 지휘참모의 일원으로서 사고지휘부를 보좌한다. 공보관PIO은 사고관리와 관련된 모든 공보 사안에 대하여 사고지휘관IC을 자문한다. 공보관PIO은 언론·대중 및 선출직 고위관료의 질의사항, 비상 공보와 경보, 유언비어 감시와 대응, 언론관계, 그리고 사고와 관련되는 정확한, 이용 가능한, 적시의 정보를 수집, 확인, 조율 및 전파하기 위해 필요한 기타 기능을 담당한다. 공중보건, 안전 및 보호에 관한 정보는 특히 중요하다. 공보관[PIO]들은 아래의 임무를 위해 서로 협력함으로써 조율되고 일관성 있는 정보를 생산할 수 있다.

> 공보관[PIO]의 역할
>
> 공보관[PIO]은 사고의 원인·규모 및 현재 상황, 위임 받은 자원, 그리고 내외부적 활용을 위한 기타의 일반적 관심사에 대한 정확한, 이용 가능한, 그리고 적시의 정보를 수집, 확인, 조율 및 전파한다.

- 대중에게 알려야 하는 주요 정보를 파악한다.
- 특별한 욕구를 가진 사람들[those with special needs]을 포함하여 모두에게 쉽고 명확하게 이해될 수 있는 핵심 정보를 담은 메시지를 만든다.
- 청중에게 혼란을 주지 않고 시의 적절한 정보 전달을 보장하기 위해 메시지에 우선순위를 둔다.
- 적절한 경로를 통해 정보의 정확성을 확인한다.
- 가능한 가장 효과적인 수단을 활용하여 메시지를 전파한다.

나. 합동정보시스템[JIS]

합동정보시스템[JIS]은 NGO와 민간부문과 함께 다중관할[多重管轄] 및/또는 학문분야에 걸쳐서 정확하고 접근성과 일관성 있는 메시지의 적시 제공을 보장하기 위해 정보를 구성, 통합 및 조율하기 위한 메커니즘을 제공한다. 합동정보시스템[JIS]에는 공보를 제공하기 위해 사용될 계획, 규약, 절차 및 조직구조[structures]가 포함된다. 연방, 주, 부족, 영토,

지역, 지방 및 민간부문의 공보관과 설치된 합동정보센터JIC는 합동정보시스템JIS의 주요한 지원요소이다. 합동정보시스템JIS의 핵심요소에는 다음사항이 포함된다.

- 기관간 조정과 통합
- 일관성 있는consistent 메시지를 수집, 확인, 조율 및 전파
- 의사결정권자에 대한 지원
- 유연성, 모듈성 및 적응성

다. 합동정보센터JIC

가상 합동정보센터JIC의 발전성

합동정보센터JIC는 다른 사이트에 실시간의 일정한 링크를 필요로 할 수 있기에 가상 합동정보센터JIC가 만들어질 수 있다. 모든 참가자는 합동정보센터JIC가 단일 사이트를 운영하는 것처럼 기능하도록 합동정보센터JIC에 완전히 통합되고 링크되어야 한다.

장점은 아래와 같다.

- JIC 기능의 빠른 설치.
- 확대된 자원들에 대한 접근.
- 관계 형성.

합동정보센터JIC는 합동정보시스템JIS의 운영을 촉진하는 중심적 위치에 있으며 공보담당 인력이 중요한 비상정보 기능, 위기통신crisis communications 및 홍보public affairs 기능을 수행하는 곳이다. 합동정보센터JIC는

사고 현장이나 각급 정부에 설치될 수 있고 연방, 주, 부족, 영토, 지역 또는 지방의 다수기관조정시스템[MACS](예, 다수기관조정그룹[MAC Group] 또는 비상운영본부[EOC])의 구성요소가 될 수 있다. 사고별 합동정보센터[JIC]는 일반적으로 사고수습의 필요에 따라 연방, 주 및 지방 기관 합동으로 현장의 한 곳에 또는 상황에 적합하다면 범 정부기구로 설치된다. 정보배포는 메시지의 일관성을 보장하고, 서로 모순된 정보의 배포를 막고, 작전에 대한 부정적 영향을 방지하기 위해 사고지휘관[IC]/통합지휘부[UC], 비상운영본부[EOC]/다수기관조정그룹[MAC Group] 및/또는 연방의 조정이 있는 사고의 경우 연방관료의 검열이 있어야 한다. 정보배포를 위한 공식 프로세스는 민감한 정보의 보호를 보장해준다. 유관기관들은 각 기관의 정책, 절차, 프로그램 및 역량과 관련된 자체 정보를 배포할 수 있다. 그러나 이러한 정보 배포는 사고별 합동정보센터[JIC]와 조율이 이루어져야 한다.

1개의 합동정보센터[JIC]를 두는 것이 바람직하나, 이 시스템은 다수의 물리적인 또는 가상의 합동정보센터들[JICs]을 수용할 수 있을 만큼 유연성과 적응성을 갖추고 있다. 예를 들어, 다수의 합동정보센터들[JICs]이 지리적으로 넓은 지역이나 다수의 정부에 걸쳐 있는 복합사고 수습에 필요할 수도 있다. 다수의 합동정보센터들[JICs]이 가동되는 경우, 정보는 모든 합동정보센터들[JICs] 간에 조율이 이루어져야 되고, 각 합동정보센터[JIC]는 서로 효과적으로 소통하여 의견을 조율하기 위한 절차와 규약을 마련하여야 한다. 통합지휘부이건 지역지휘부 구조를 이용하건, 다수의 합동정보센터들[JICs]이 있을 때에는 반드시 상위 지휘관이 최종 정보배포 권한을 가져야 한다. 범정부 차원의 합동정보센터JIC는 사고가 연방의 조정을 필요로 하고 오랜 기간(예, 수주나 수개월) 지속될 걸로 예상될 때, 또는 사고가 광범위한 지역에 영향을 줄 때에 사용될 수 있다.

실시간 소통의 필요성 측면에서 합동정보센터JIC는 사고의 성격에 따라 여러 가지 방식으로 편성될 수 있다.

표 7은 합동정보센터JIC의 갖가지 유형을 나타낸 것이다.

표 7 – 합동정보센터JIC의 유형

유형	내용
사고 Incident	• 지방정부와 사고지휘관이 선임한 공보관PIO들을 한 곳에 모을 수 있는 최적의 물리적인 장소. • 언론 접근의 용이성이 가장 중요.
가상 Virtual	• 물리적인 공동 장소가 가능하지 않을 때 구성. • 기술 및 통신 규약을 통합한다.
위성 Satellite	• 다른 합동정보센터JIC보다 범위가 좁다. • 주로 사고 합동정보센터JIC를 지원하기 위해 설치. • 해당 사고와 관련, 주요 합동정보센터JIC의 통제 하에서 운영. • 그 방향의 독자성이 없다.
지역 Area	• 넓은 지역의 다수의 사고휘시스템ICS 조직을 지원. • 지방이나 주 정부 차원에서 설치할 수 있다. • 언론의 접근성이 가장 중요.
지원 Support	• 여러 주에 있는 다수의 사고 합동정보센터JIC를 지원하기 위해 설치. • 사고 지역 밖에서 추가 인력과 자원을 제공.

범 정부 National	• 장기간 지속되는 사고인 경우 설치 • 연방의 대응 활동을 지원하기 위해 설치 • 다수의 연방 부처 및/또는 기관에서 충원 • 언론의 접근성이 가장 중요

라. 조직의 독립성

사고관리에 참여하는 조직은 각자의 독립성을 유지한다. 사고지휘관[IC]과 다수기관조정시스템[MACS]은 대중과의 소통을 조율하고 검열하기 위한 프로세스를 포함하며 합동정보센터[JIC]의 실시와 감독을 담당한다. 통합지휘부[UC]를 구성하는 경우에 합동 공보관리에 기여하는 각 부처, 기관, 조직 또는 관할정부는 각 기관 고유의 프로그램이나 정책에 대한 책임이나 정체성을 잃지 않으며, 전체의 통일된 메시지 개발에 기여하여야 한다.

마. 일반인들과 그 밖의 이해관계자들에게 정보 전달

사고 발생시 일반인들과 기타 이해관계자들에게 정보를 전달하는 프로세스는 다음의 4가지 단계로 이루어진 지속주기[ongoing cycle]이다.

1) 정보 수집하기

사고 발생시 대중과 그 밖의 이해관계자들에게 정보를 전달하는 프로세스의 첫 번째 단계는 정보 수집이다. 정보의 출처는 다음과 같다.

- 현장지휘관On-Scene Command : 대응 활동에 대한 지속적인·공식적인 정보원
- 현장의 공보관PIO : 사고 현장에서 언론 매체, 선출직 고위관료와 그들의 직원 및 일반인들로부터 보고 들은 내용에 대해 합동정보센터JIC에 보고한다.
- 언론 모니터링 : 언론매체의 보도 내용과 정확성을 평가함. 언론 동향과 새로운 이슈를 파악하는 데 도움이 된다.
- 언론 매체News Media : 정보와 현재의 이슈를 만들어 낼 수 있는 중요한 정보원sources
- 일반인과 선출/임명직 고위관료 : 사고의 영향권 안에 있는 사람들의 특정 우려사항을 시사하는point to 선출직/임명직 고위관료와 지역사회의 지도자 및 일반 대중의 질의inquires

2) 정보 확인하기

다음 단계는 아래의 정보원sources과의 상담을 통해 수집된 정보의 정확성을 확인하는 것이다:

- 합동정보센터JIC의 다른 공보관들PIOs : 대표 공보관PIO과 다양한 지원프로그램이나 대응/복구 관계자와 연락하는 공보관들PIOs과 함께 메모notes를 비교하는 것은 정보의 정확성을 확인하기 위한 한가지 방법이다.
- 비상운영본부EOC 정보원 : 정보 확인을 위해 질문을 받게 될 프로그램 대표자(leads) 포함.

- 현장의 공보관들PIOs : 언론매체의 보도사항, 선출직 고위관료의 사무실 및 현장에 있는 사람들과 함께 비상운영본부EOC에 보고된 정보의 정확성을 점검하기 위한 소중한 정보원

3) 정보 조율하기

다음 단계는 합동정보시스템JIS에 속한 다른 공보관들PIOs과 함께 정보를 조율하는 것이다. 여기에 참여하는 공보관PIO에는 합동정보센터JIC에서 대표로 참여한 공보관들PIOs과 합동정보시스템JIS에 속한 다른 장소에서 일하는 공보관들PIOs이 포함된다. 정보 조율에는 다음사항이 수반된다.

- 핵심 메시지 만들기 : 모든 정보원으로부터 정보를 수집한 다음, 모든 정보 요구needs를 다루는 통일된unified 메시지를 만들어 전체 연방, 주, 부족 및 지방의 대응/복구 전략에 따라 우선순위를 정한다. 이 단계에서의 임무mission는 정확한 일관된 정보를 적시에 꼭 필요한 사람들에게 제공하여 그들이 정보를 토대로 의사결정을 할 수 있도록 하는 것이다.
- 권한을 가진 자로부터 승인/검열 받기 : 정보의 일관성, 정확성 및 접근용이성을 보장하여야 한다. 하지만 승인 프로세스는 정보가 적시에 배포될 수 있도록 간소화되어야streamlined 한다.

4) 정보 전파하기

다음 단계는 정보를 일반인들과 기타 이해관계자들에게 전파하는 것이다. 이 단계에는 다음사항이 수반된다.

- 여러 가지 방법 이용하기 : 긴급 상황에서는 대안[options]이 많지 않을 것이다. 전화와 인터뷰가 언론에 정보를 전달하는 주된 수단이 될 것이다. 직접 방문이나 마을 회의가 일반인, 선출직/임명직 고위관료 또는 기타 이해관계자들에게 가장 효과적인 방안이 될 수도 있다. 현장의 공보관들[PIOs]에게 대화 창구[talking points]나 전단지를 제공하여 이러한 현지활동을 지원할 수 있다.
- 언론 모니터링 하기 :언론 모니터링은 메시지가 언론 매체에 의해 이해되고 일반인과 기타 이해관계자들에게 정확하고 완전하게 보도되는지 확인할 수 있는 유용한 방법이다. 중대한 오보는 부정확한 보도가 다시 나가기 전에 시정되어야 한다.

3. 공보 통신 기획

정보통신 전략과 기획은 공보와 관련된 모든 측면에서 필수적이다. 계획은 정확하고 일관성 있는 공보사항을 적시에 이용하기 편리하게 전파할 수 있도록 선출/임명직 고위관료, 지역사회 지도자, 민간부문의 조직 및 공공서비스 조직을 위한 보도자료와 언론사 목록 및 연락처 작성을 요구하는 프로세스, 규약 및 절차를 포함해야 한다. 공보통신은 훈련과 연습에 중요한 부분이 된다.

제4장 지휘관리 요소들의 관계

사고지휘시스템[ICS], 다수기관조정시스템[MACS] 및 공보를 NIMS 내 지휘관리의 별개의 요소로 서술하였다. 그러나 NIMS는 이러한 요소들 하나하나는 물론 이러한 요소들 간의 관계에도 의존한다.

몇 가지 관계는 구체적으로 설명되었다. 예를 들어, 지역지휘부나 사고지휘관[IC]은 합동정보시스템[JIS] 내의 사고 공보관[PIO]을 통해서 사고별 공보사항을 조율한다. 지역지휘부나 사고지휘관[IC]과 다수기관조정시스템[MACS]의 관계는 주로 지휘관 및/또는 현장의 자원관리담당자와 다수기관 조정기능 내 특정 참모직위자 간 소통의 연결고리에 따라 정해진다.

이러한 관계—미리 명확하게 정의되지 않은 지휘관리 요소들 간의 다른 관계와 더불어—는 사고 발생시 각 요소가 진화해가면서 반드시 명확하게 정의되고 문서로 기록되어야 한다.

부문Ⅴ 지속적인 관리와 유지ongoing management & maintenance

NIMS의 지속적인 관리와 유지 부문에는 두 가지의 하위섹션subsections— 국가통합센터NIC와 지원기술—이 있다. 이 문서의 국가통합센터(NIC) 부문은 국가통합센터NIC의 임무responsibilities를 제시한다. 지원기술 부문은 역량을 개선하고 비용을 낮추기 위하여 과학기술을 지렛대로 삼기 위해 필요한 원칙을 논한다.

제1장 국가통합센터NIC

국토안보대통령훈령 제5호HSPD-5는 국토안보부장관에게 다른 연방 부처와 기관, 주·부족 및 지방의 이해관계자, NGO 및 민간부문과의 정기적인 협력을 포함하여 NIMS의 지속적인 관리와 유지를 보장하기 위한 메커니즘을 구축할 것을 요구하였다. 이를 위하여 장관은 국가통합센터NIC를 설치해 NIMS를 이행할 각급 정부기관, NGO 및 민간부문을 위한 정보지원 자원으로서 이바지하게 하였다. 국가통합센터NIC는 NIMS를 위한 전략적 방향을 제시하고 운영을 감독하고 이 시스템과 각 부문의 일상적인 유지와 지속적인 개선을 지원한다. 국가통합센터NIC는 NGO와 민간부문을 포함하여 모든 연방 부처와 기관, 주·부족 및 지방의 정부, 그리고 비상관리/대응기관의 참여를 요청할 수 있다. NIMS의 개정과 기타 이슈는 (연방·주·부족·주의 지역 및 지방 정부뿐만 아니라 민간부문, 자원봉사 조직, 학계, 비영리조직 및 기타 NIMS

관련 전문단체를 포함하여) 모든 NIMS 사용자들에 의해 제기될 수 있다

아울러 국가통합센터[NIC]는 NIMS 준수 요구사항을 시행하고, 유형화[typing]와 신임[credentialing]을 위한 안내 기준[guidance standards]의 개발을 촉진하고, NIMS의 교육훈련을 지원하고, NIMS 관련 각종 자료의 발간을 관리한다.

1. 개념과 원칙

NIMS를 관리·유지하는 프로세스는 각급 정부, 직능별 학문분야, NGO 및 민간부문을 포함하여 모든 사용자와 이해관계자들이 국가통합센터[NIC] 활동에 참여할 기회가 주어짐을 보장한다. NIMS의 관리 및 유지 프로세스는 정부들과 직능별 학문분야를 통틀어 확인된 최적의 관행들뿐만 아니라 실제 사고, 사고관리 훈련 및 연습에서 얻은 교훈에 크게 의존한다.

2. NIMS 개정 프로세스

NIMS 문서는 2년 주기로 검토되고 연습과 실제사고 및 계획된 이벤트에서 얻은 교훈을 토대로 하는 새로운 대통령훈령, 개정법률 및 개정절차를 반영하기 위해 개정될 것이다. NIMS의 개정 제안은 검토, 승인 및 발간을 위해 국가통합센터[NIC]에 제출된다. 장관은 다른 연방

부처와 기관 및 주·지방정부와 정기적으로 협력하여 부속기준supplementary standards, 절차 및 기타 자료를 포함하는 NIMS 관련 문서의 개정과 수정사항을 고시한다.

3. 국가통합센터NIC의 임무

가. 시행administration과 준수compliance

준수대책의 세부내역을 포함하여 지속적인 NIMS 운영과 이행을 관리하기 위해 국가통합센터NIC는 다음사항을 담당한다.

- NIMS 문서의 목적과 내용에 대한 상세한 지침 포함하여 NIMS 교육과 이해를 위한 국가적 프로그램 개발과 유지
- NIMS를 위한 국가 차원의 기준national-level standards과 기타 공공·민간 및 전문가 그룹에 의해 개발된 것들 간의 양립성을 촉진
- (필요하다면 연방, 주, 부족, 지방, 민간부문, NGO 및 전국의 전문단체들의 의견을 받아) 직능별 학문분야의 요구사항의 검토와 승인을 포함하여 사고관리/대응인력과 조직의 자격, 인증 및 신임credentialing과 관련한 기록관리 및 데이터베이스 시스템의 구축과 유지를 조장
- NIMS 기준standards 및 지침guidelines과 관련한 연방·주·부족 및 지방 정부에 대한 준수 요구사항과 시한, NIMS의 각 부문에 대한 평가 기준criteria 마련
- NIMS 내에서 운영되는 부처, 기관, 직능별 학문분야, NGO 및 민간부문의 NIMS 관련 과학기술 요구를 美국토안보부USDHS 과학기술차관Under Secretary for Science and Technology과 협력하여 국가의 연구개발R&D 의제에

통합

나. 기준[standards]과 신임[credentialing]

국가통합센터[NIC]는 MINS의 이행과 양립될 수 있는 공통의 국가적인 기준[standards] 및 신임[credentialing] 시스템의 채택을 보장하기 위하여 적절한 표준개발기관[SDO]과 협력한다. 공통의 기준 및 신임 프로그램의 확인, 채택 및 개발에는 다음 사항이 수반된다.

> 국가통합센터[NIC]는 주와 지방정부가 다음의 전국소방협회[NFPA] 기준— NFPA 1600, "재난/비상관리 및 사업 연속성 프로그램에 대한 기준" 과 NFPA 1561, "비상서비스 사고관리 시스템" —을 자발적으로 채택할 것을 권장한다. 이러한 기준들이 정부에 의해 채택된다면 NIMS의 이행을 도울 수 있다. 최근의 국가통합센터[NIC] 권고 기준에 관한 정보를 국가통합센터[NIC] 웹 사이트의 NIMS 안내 섹션[Guidance Section]에서 확인할 수 있다. 기타 기준들은 국가통합센터[NIC]에 의해 주기적으로 고시되고 자발적인 채택이 권장될 수 있다.

- 필요하다면 사고관리/대응 인력의 자격, 면허 및 인증을 위한 국가적 기준[standards], 지침[guidelines] 및 규약[protocols]의 개발과 발간을 활성화
- (필요하다면 연방, 주, 부족, 지방, 비정부, 민간부문 및 전국의 전문단체들로부터 의견을 받아) 직무 분야별 특정 자격과 인증 요구사항을 검토 및 승인
- 정해진 국가적 사고관리 직위에 맞는 인력을 신임[credentialing]하기 위해 필요한 세부 자격, 경력 및 훈련 정보를 사고 관리자들에게 제공하기 위한 자료관리시스템 구축
- 전문자격 최소 기준[minimum professional certification standards]을 조정하고 전국적

인 신임credentialing 시스템의 설계와 시행을 활성화

- 다음 사항을 포함하여 (연방, 주, 부족, 지방, 비정부, 민간부문 및 전국의 전문단체들의 의견을 받아) 사고관리 장비와 통신시스템의 성능, 양립성 및 상호운용성을 위한 기준standards 마련을 촉진
  - 전국적인 사고관리 및 비상대응 조직에 의해 사용되는 기존의 기준과 인증 프로그램의 반영을 포함, 장비인증을 위한 국가적 기준standards, 지침guidelines 및 규약protocols의 개발과 발간을 촉진
  - 설정된 장비인증 요건에 부합한 장비 목록을 검토, 승인
  - 비상대응인력emergency responders의 장비 평가와 시험 담당기관과 협력
- 자원 유형화(typing)를 위한 국가적인 기준(standards)의 개발과 발간을 활성화
- 데이터 기준standards의 개발을 포함, NIMS 정보시스템의 개발을 위해 필요한 정보 기본구조framework의 정의definition와 유지maintenance를 조장
- 美국토안보부USDHS 과학기술차관Under Secretary for Science and Technology 및 표준개발기관SDO과 협력, NIMS 사용자를 위한 기술 기준technical and technology standards의 설정을 조율

다. 교육훈련 및 연습 지원

적절한 기관과 조직의 NIMS의 이해와 적용 및 이행을 촉진하는 교육훈련과 연습의 개발을 유도하기 위해 국가통합센터NIC는 관계기관과 협력하여 다음 사항을 이행한다.

- 아래 사항을 포함한 일반적인 교육훈련 요구사항requirements의 정의와 NIMS 관련 국가 차원의 교육훈련기준training standards과 교과과정course curricula 개발을 촉진

- 교육훈련 및 연습 프로그램을 위한 모델링과 시뮬레이션 역량 활용
- 현장중심의 교육훈련field-based training, 미션별 필수업무 세부내역specification of mission-essential tasks, 전문교육specialized instruction 및 강사양성instructor training 요구사항 및 모든 NIMS 사용자를 위한 과정이수 기록관리course completion documentation
- (연방, 주, 부족, 지방, NGO, 민간부문 및 전국의 전문단체들과 협력하여) 학문분야별 NIMS 교육훈련과정 검토와 권고

- 각급 정부에 있는 기존의 연습 및 교육훈련 프로그램에 대한 고려를 포함하여 교육훈련을 위한 국가적인 기준standards, 지침guidelines 및 규약protocols의 개발을 촉진
- 각급 정부에 걸친 NIMS 적용을 지원하기 위해 필요한 교육훈련 개발을 촉진
- NIMS 관련 기능을 위한 최적의 관행, 모델구조 및 프로세스는 물론 사고, 교육훈련 및 연습에서 얻은 교훈과 보고서를 위한 보존소repository 유지·관리

라. 발간물 관리publication management

NIMS를 위한 발간물 관리에는 발간물의 명명 및 번호부여 형식 개발, 발간물의 검토와 승인, 발간물 통제기법 개발, 발간 및 관련 서비스를 위한 출처sources 및 출판업자 확인, 발간물 배포 관리와 자료products에 대한 접근성 보장이 수반된다.

NIMS 발간물 관리에는 다음과 같은 산출물products의 유형이 포함된

다.

- 자격정보
- 교육훈련과정 및 연습 정보
- 업무편람[task books]
- 사고지휘시스템 교육훈련, 서식[forms] 및 기본틀[template] (및 기타 필요한 서식)
- 직무보조물[job aids]과 교본[guides]
- 컴퓨터 프로그램
- 음성 및 화상 자료
- 우수사례 안내서[best-practices manuals]/본보기[models/]권고사항

NIMS 관련 발간물 관리를 위하여 국가통합센터[NIC]는 적절한 기관과 단체와 협력하고 다음 사항을 주도한다.

- 모든 NIMS 사용자를 위한 일반 발간물의 개발이나 협력을 포함하여 사용자를 위한 NIMS 관련 발간물과 자료를 위한 발간물 관리시스템의 설치와 유지를 촉진
- NIMS 발간물 관리시스템을 통한 문서나 정보를 제공
- NIMS의 이행과 지속적인 개선을 지원하기 위한 보조문서와 탁상용 교본[desk guides]과 같은 표준화된 템플릿과 자료의 개발 및 발간을 촉진
- (연방, 주, 부족, 지방, 비정부, 민간부문 및 전국의 전문단체들의 의견을 받아) 직능별 발간물 관리 요구사항을 검토

제2장 지원기술supporting technologies

지속적인ongoing 과학기술의 개발은 NIMS의 지속적인continual 개발과 개선을 위해 필수적이다. 전략적인 연구개발R&D이 이러한 발전을 보장한다. NIMS 역시 사고관리를 지원하는 과학에 근거한 기술기준technical standards에 의존한다. 적절한 과학기술 해법solutions에 초점을 유지하는 것이 NIMS의 파트너들 간의 장기적인 협력 활동에 필요할 것이다.

사고관리 과학기술 해법solutions의 효과적인 개발을 보장하기 위하여 국가통합센터NIC는 美국토안보부USDHS 과학기술차관Under Secretary for Science and Technology과 협력하여 비상관리/대응기관과 부속조직의 요구needs를 평가하여야 한다.

1. 개념과 원칙

NIMS는 역량 개선과 비용 절감을 위하여 과학기술을 지렛대로 삼아야 한다. NIMS는 아래에 정의된 5가지의 핵심 원칙을 준수한다.

가. 상호운용성interoperability과 양립성compatibility

사고관리 환경에서 운영되는 시스템은 전체 직능별 학문분야와 정부에 걸쳐서 순조롭게 상호작용할 수 있어야만 한다. 상호운용성과 양립성은 공통 통신과 데이터 기준data standards, 디지털 데이터 형식digital data formats, 장비 기준equipment standards 및 설계 기준design standards과 같은 도구의 활용을 통해 이루어진다.

나. 기술지원technology support

기술지원은 사고관리의 모든 면에서 효율성과 효과성을 개선하기 위해 현재 기술과 신기술을 활용하고 혼합한다. 기술지원은 NIMS를 사용하는 조직들이 비상관리와 사고대응의 모든 면을 향상시킬 수 있게 한다. 기술지원은 사고수습 작전을 촉진하고 국가의 미래 사고관리 역량에 장기적인 투자를 뒷받침하는 연구개발R&D 프로그램을 유지한다.

다. 기술표준technology standards

지원시스템과 기술은 연방, 주, 부족 및 지방 정부는 물론 NGO, 민간부문 및 전국의 전문단체들과의 협력으로 마련된 요구사항에 토대를 둔다. 직능별 학문분야와 정부 전반에 걸쳐 주요 시스템의 상호 운용성과 양립성을 촉진하기 위해 국가 기준national standards이 필요할 수도 있다.

라. 광범위한 요구사항broad-based requirements

사고관리를 촉진시키기 위한 신기술, 절차, 규약 및 기준standards의 요구needs는 사고 발생 전에, 사고 시에, 그리고 사고 후에 확인된다. 이러한 요구가 가용자원을 초과할 수 있으므로, NIMS는 요구와 자원을 종합하고 우선순위를 두기 위한 메커니즘을 제공한다. 이러한 요구는 기본, 응용, 개발 및 시범 연구를 위한 시험과 평가 활동을 조정하여 충족될 것이다.

마. 전략적 연구개발R&D 기획

전략적 연구개발R&D 기획은 현행 사고관리 역량의 비용을 개선하거나 낮출 수 있는 미래 기술을 식별한다. 연구개발R&D의 효과를 보장하기 위해 국가통합센터NIC는 美국토안보부USDHS 과학기술차관Under Secretary for Science and Technology과 협력하여 비상관리/대응기관과 부속조직의 사고관리 과학기술 요구needs를 국가 연구개발R&D 의제에 통합할 것이다.

2. 과학기술을 이용한 사고관리 지원

지원기술supporting technologies은 아래에 보다 완전하게 정의된 세 가지의 주된 활동을 통해 사고관리 역량을 향상시키거나 비용을 절감한다.

가. 운영의 과학적 지원[operational scientific support]

운영의 과학적 지원은 사고관리 활동을 지원하기 위해 활용될 수 있는 과학기술 자원을 확인하고, 요청이 있을 경우에 동원한다. 운영의 과학적 지원은 다른 기관과 조직의 과학적·기술적 전문지식에 의존한다. 이러한 지원의 범주를 위한 기획은 NIMS 대비 조직을 통해 각급 정부에서 이루어진다. 운영의 과학적 지원은 美국토안보부[USDHS]와 다른 조직과 기관들에 의해 조율이 이루어진 다양한 프로그램을 통해 요청되고 제공된다.

나. 기술기준 지원[technical standards support]

기술기준 지원은 NIMS를 위한 기술기준의 개발과 협력이 인력, 조직, 통신정보시스템 및 다른 장비가 서로를 방해하지 않고 일관성 있고 효과적이고 신뢰할 수 있게 협력하고 작동되고 있음을 보장할 수 있게 한다. 美국토안보부[USDHS] 과학기술본부[Science and Technology Directorate]와 협력하여 국가통합센터[NIC]는 NIMS 사용자들을 위한 기술기준의 설정을 조율할 것이다. 이러한 기준을 정의하는데 아래의 원칙이 사용된다.

1) 성과측정[performance measurement]

성과측정("경성[hard]" 자료 수집)은 긴급대응인력과 사고관리자의 안전과 임무[mission]의 효과를 기준[standards]에 근거하여 입증할 수 있는 가장 신뢰할 수 있는 방법이다. 기술기준 프로세스 내에서 성과측정 인프라는 사고관리조직이 장비시스템을 효과적으로 사용하게 할 지침[guidelines], 성과기준[performance standards], 시험규약[testing protocols], 인력의 인증, 재평가 및 교육훈련절차 등을 개발한다.

2) 합의에 근거한 성과[consensus-based performance]

합의에 근거하여 기준[standards]을 개발하고 개정하기 위한 방법은 사고관리에 오랜 관심과 전문성을 갖는 표준개발기관들[SDOs]을 활용하는 것이다. 이러한 표준개발기관[SDOs]에는 국립사법연구소[National Institute of Justice], 국립표준기술원[National Institute for Standards and Technology], 국립산업안전보건연구원[National Institute for Occupational Safety and Health], 미국표준협회[American National Standards Institute], 미국재료시험학회 인터내셔널 [ASTM International] 및 전국소방협회[NFPA] 등이 포함된다. NIMS는 국가통합센터[NIC]를 통한 이러한 표준개발기관들[SDOs]과 사고관리조직 간의 업무관계가 사고관리 기술을 위한 성과기준[performance standards]을 개발할 수 있게 한다.

3) 시험testing과 평가evaluation

NIMS의 기술기준technology criteria은 NIMS의 기술기준technical standards과 비교하여 장비를 평가하는 공공·민간부문의 시험연구소에 의존하게 될 것이다. 이러한 기관은 시험의 기술적 효율성과 객관성을 보장하는 지침guidelines에 따라 선정될 것이다. 국가통합센터NIC는 기준standards 개발 및 조장 임무responsibilities의 일환으로 적절한 지침guidelines을 고시할 것이다.

4) 비상대응인력emergency responders의 장비사용 훈련을 위한 기술지침technical guidelines

장비의 적절한 사용에 대해 사고관리/대응인력을 훈련시키기 위한 과학에 근거한 기술지침technical guidelines 개발을 위하여 취약성 분석가vulnerability analysts, 장비 개발자, 사용자 및 표준 전문가standards experts의 의견이 채택되어야 한다. 사고관리 규약, 도구 및 시스템에 근거하여 이러한 훈련지침training guidelines은 위협과 취약성 정보, 장비와 시스템의 역량, 예상되는 운용조건의 범위를 반영한다. 아울러, 이러한 훈련지침을 통하여 개발된 성능측정과 시험에 관한 약정은 장비와 시스템의 효과를 반복 측정하는 방법을 제시한다.

다. 연구개발R&D 지원

연구개발R&D 기획은 NIMS 사용자들의 전반적인 운영상의 요구needs

에 기초를 둔다. 국가가 새롭고 개선된 사고관리 역량을 개발하기 위한 연구개발[R&D] 의제를 만들 때, 이러한 요구는 의제에 반영될 것이다. 사용자들의 운영상의 요구가 이러한 요구를 처리할 연구 자원을 초과할 수 있으므로, 이러한 요구는 유효성이 검증되고[validated] 통합되고[integrated] 우선순위가 매겨져야[prioritized] 한다. 美국토안보부[USDHS]는 모든 계층[levels]에 있는 사용자들의 요구를 국가의 연구개발[R&D] 의제에 통합하는 소임을 맡고 있다.

사고지휘시스템ICS의 주요 직위와 기능

주요 직위	주요 기능
사고지휘관IC 또는 통합지휘부UC	• 명확한 권한을 갖고 기관의 정책을 숙지한다. • 사고대응 시 안전을 보장한다. • 사고지휘소ICP를 설치한다. • 우선순위를 정하고 이에 따라 사고대응 목표 및 전략을 정한다. • 사고를 관리하기 위해 필요한 사고지휘시스템ICS 조직을 편성한다. • 사고조치계획IAP을 승인한다. • 지휘 · 일반참모의 활동을 조정한다. • 자원요청과 자원봉사자 등 보조인력의 사용을 승인한다. • 필요시 동원해제를 명한다. • 사후보고서의 작성을 보장한다. • 보도자료 배포를 승인한다.
공보관PIO	• 지휘관의 방침에 따라 정보 제공을 제한한다. • 언론 브리핑을 위해 정확한, 접근이 용이한, 적시적인 정보를 개발한다. • 보도자료에 대해 지휘관의 승인을 받는다. • 주기적으로 언론 브리핑을 실시한다. • 필요한 방문, 인터뷰 또는 브리핑을 준비arrange한다. • 사고조치계획IAP 수립에 유용한 언론의 내용을 점검하여 전달한다. • 사고관련 정보를 사고대응인력이 접할 수 있도록 조치한다. • 사고조치계획IAP 수립회의에 참석한다. • 소문을 모니터링 한다.

안전관	• 위험을 확인 · 경감한다. • 안전계획을 수립한다. • 안전 메시지 및 브리핑 준비를 책임진다. • 안전을 저해하는 행위를 저지하거나 사고예방을 위한 긴급조치 권한을 행사한다. • 안전 관점에서 사고조치계획[IAP]을 검토한다. • 특정 위험을 평가하기 위해 자격을 갖춘 보조인력을 선임한다. • 사고대응의 범위 내에서 예비조사에 착수한다.. • 의무[醫務]지원 계획을 검토 · 승인한다.
연락관	• 각 기관의 대표자들의 접점으로서 역할을 한다. • 지원 · 협력기관 및 기관 대표자의 목록을 유지한다. • 유관기관 간 협력을 지원한다. • 조직 간의 문제점들을 확인하기 위해 사고대응작전을 모니터링 한다. • 계획수립 회의에 참여, 기관의 자원 역량이나 한계를 포함하는 현재의 자원의 상태를 제공한다. • 기관별 동원해제 정보와 요구사항을 제공한다.
작전단장	• 전술작전의 안전을 보장한다. • 전술작전을 관리한다. • 사고조치계획[IAP]의 작전 분야를 준비한다. • 사고조치계획[IAP]의 작전 분야의 집행을 감독한다. • 전술작전을 지원하기 위한 추가 자원을 요청한다. • 작전임무 수행 자원의 임무 해제를 승인한다.. • 형편에 따라 사고조치계획[IAP]의 변경을 승인한다 • 사고지휘관[IC], 작전인력 및 기타 사고대응 관련 기관과 긴밀한 접촉을 유지한다.

기획단장	• 사고 관련 작전 자료를 수집・관리한다. • 사고조치계획IAP의 준비를 감독한다. • 사고조치계획IAP 준비에 있어서 사고지휘관(IC)과 작전단장에게 조언한다. • 사고조치계획IAP에 수송・의무・통신계획 및 기타 보조자료를 포함시킨다. • 계획수립 회의를 소집・운영한다. • 필요한 경우 (사고지휘시스템 조직에 있는) 임무가 해제된 인력을 재배치한다. • 사고상황정보를 수집해 상황판에 기록한다. • 단위부서(자원계, 상황계 등)를 위한 정보 요구사항과 보고 스케줄을 정한다. • 전문인력에 대한 필요성을 결정한다. • 작전에 배치되지 않은 반Task Forces과 팀Strike Teams을 조합하거나 해체한다. • 필요시 특정 자료(예, 날씨) 수집 체계를 만든다. • 대안이 될 전략에 관한 정보를 수집한다. • 잠재된 사고에 대한 예측을 주기적으로 제시한다. • 사고대응 상황의 중대 변화를 보고한다. • 동원해제계획의 준비를 감독한다.
보급지원단장	• 사고대응 인력과 모든 미 배치off-incident 자원을 위한 시설, 수송, 통신장비, 물품, 장비 보수와 주유, 식품 및 의료 서비스를 제공한다. • 모든 보급지원 사항을 관리한다. • 사고조치계획IAP의 보급지원 분야를 작성한다. • 필요시 보급지원 인력에게 브리핑한다. • 예상되는 그리고 알려진 보급지원 수요를 확인한다. • 필요시 추가 자원을 요청한다. • 필요시 수송・의무 및 통신계획의 수립을 감독・보장한다. • 보급지원단과 관련 자원의 동원해제를 감독한다.

재무/행정단장	• 사고수습의 모든 재정적인 면을 관리한다. • 요청이 있으면 재정 및 비용분석 정보를 제공한다. • 사고대응과 관련한 보상 및 청구 기능을 유지한다. • 책임기관들과 함께 하는 브리핑에서 관련 정보를 수집한다. • 재무/행정단 운영계획을 수립한다. • 사고대응인력을 위한 식당[commissary] 설치 및 운영을 결정한다. • 필요시 지원·협력기관 대표와 만난다. • 기관의 본부와 재정문제에 관해 일일연락을 유지한다. • 인력의 근무시간 기록을 정확히 작성해 소속기관에 전달한다. • 주의 또는 후속조치가 필요한 모든 사고관련 재정적 사안에 대해 기관의 행정담당에게 브리핑한다. • 사고조치계획[IAP]에 의견을 반영한다

약 어[Acronyms]

CERT	공동체비상대응팀	Community Emergency Response Team
CI/KR	핵심기반시설/주요자원	Critical Infrastructure and Key Resources
COG	정부의 연속성	Continuity of Government
COOP	운영의 연속성	Continuity of Operations
CPG 101	종합대비교본 101	Comprehensive Preparedness Guide 101
CSTI	캘리포니아전문교육원	California Specialized Training Institute
DOC	기관운영본부	Department Operations Center
EMAC	비상사태관리응원협정	Emergency Management Assistance Compact
EMT	응급구조사	Emergency Medical Technician
EOC	비상운영본부	Emergency Operations Center
ESC	비상서비스조정관	Emergency Services Coordinator
FEMA	연방비상관리청	Federal Emergency Management Agency
FEMP	소방 · 비상관리행정학	Fire & Emergency Management Administration Program
HSEEP	국토안보 연습 및 평가 프로그램	Homeland Security Exercise and Evaluation Program
HSPD-5	국토안보대통령훈령 제5호, "국내의 사고 관리"	Homeland Security Presidential Directive 5, "Management of Domestic Incidents"
HSPD-7	국토안보대통령훈령 제7호, "중요 기반시설 확인· 우선순위 설정 및 보호"	Homeland Security Presidential Directive 7, "Critical Infrastructure Identification, Prioritization, and Protection"
HSPD-8	국토안보대통령훈령 제8호, "국가대비"	Homeland Security Presidential Directive 8, "National Preparedness"

HSPD-20	국토안보대통령훈령 제20호, "국가의 연속성 정책"	National Security Presidential Directive 51, "National Continuity Policy"
IAP	사고조치계획	Incident Action Plan
IC	사고지휘관	Incident Commander
ICP	사고지휘소	Incident Command Post
ICS	사고지휘시스템	Incident Command System
IMT	사고관리팀	Incident Management Team
IPS	통합계획수립시스템	Integrated Planning System
JIC	합동정보센터	Joint Information Center
JIS	합동정보시스템	Joint Information System
LEPC	지방비상대비위원회	Local Emergency Planning Commission
MAC	다수기관조정	Multiagency Coordination
MACS	다수기관조정시스템	Multiagency Coordination System
NFPA	전국소방협회	National Fire Prevention Association
NGO	비정부기구	Nongovernmental Organization
NIC	국가통합센터	National Integration Center
NIMS	국가사고관리시스템	National Incident Management System
NIPP	국가기반보호계획	National Infrastructure Protection Plan
NPG	국가대비지침	National Preparedness Guidelines
NSPD-51	국가안보 대통령훈령 제51호, "국가의 연속성 정책"	National Security Presidential Directive 51, "National Continuity Policy"
NRF	국가대응기본구조	National Response Framework
OJT	직장내훈련	On-The-Job-Training
PIO	공보관	Public Information Officer
R&D	연구개발	Research and Development
SOP	표준운영절차	Standard Operating Procedure
S/T	팀	Strike Team
T/F	반	Task Force

TCL	목표역량목록	Target Capabilities List
TSA	교통보안청	Transportation Security Administration
UC	통합지휘부	Unified Command
USCBP	美통관 · 국경보호청	United States Customs & Border Protection
USCIS	美시민권 · 이민청	United States Citizenship & Immigration Services
USDHS	美국토안보부	United States Department of Homeland Security
USICE	美출입국 · 세관경찰청	United States Immigration & Customs Enforcement